채널코딩 입문

INTRODUCTION TO CHANNEL CODING

| 송영준 지음 |

한티미디어

저자 소개

송영준

한양대학교 전자통신공학과를 졸업하고 같은 대학원에서 공학 석사 및 박사 학위를 받았다. LG전자에서 책임연구원으로 휴대폰 개발 및 이동통신 표준 기술을 개발하였으며, 2002년부터 현재까지 금오공과대학교 전자공학부 교수로 재직하고 있다. 부호이론 및 채널코딩에 관련된 많은 발명을 하였고, 다수의 특허권을 보유하고 있다. 그 중에서 몇 개는 3GPP 이동통신 국제 표준 기술로 채택되어 사용되고 있다. 이동통신 및 부호이론 관련된 논문을 국내외에 100편 이상 발표하였으며, 한국통신학회, 대한전자공학회, 한국전자파학회, 한국정보기술학회의 종신회원, IEEE Senior Member로 활동하고 있다.

Introduction to Channel Coding

채널코딩 입문

발행일 2020년 8월 10일 초판 1쇄
지은이 송영준
펴낸이 김준호
펴낸곳 한티미디어 | **주소** 서울시 마포구 동교로 23길 67 3층
등　록 제 15-571호 2006년 5월 15일
전　화 02)332-7993~4 | **팩스** 02)332-7995
ISBN 978-89-6421-404-6 (93560)
정　가 25,000원

마케팅 노호근 박재인 최상욱 김원국 | **관리** 김지영 문지희
편　집 김은수 유채원 | **본문** 이경은 | **표지** 유채원
인　쇄 우일미디어

이 책에 대한 의견이나 잘못된 내용에 대한 수정정보는 한티미디어 홈페이지나 이메일로 알려주십시오.
독자님의 의견을 충분히 반영하도록 늘 노력하겠습니다.

홈페이지 www.hanteemedia.co.kr | **이메일** hantee@hanteemedia.co.kr

---

본 교육교재는 2019학년도 교육 · 연구 및 학생지도 비용 지원을 받아 개발된 교재임

PREFACE

5G(5th Generation), LTE(Long Term Evolution), W-CDMA(Wideband Code Division Multiple Access) 이동통신시스템 및 위성통신, 컴퓨터 통신 등에서 문자·음성·영상 등의 정보를 채널을 통하여 전송하는 경우, 신뢰할 수 있는 정보의 전송을 위하여 발생된 오류의 검출 및 정정을 위한 다양한 채널코딩(channel coding) 기술이 널리 사용되고 있다.

처음으로 채널코딩을 접하는 학생들에게 전송 중에 발생된 오류를 수신단에 검출하고 정정하는 기술이 신기할 따름이다. 그리고, 이 기술에는 엄청난 비밀이 숨겨져 있고 수학의 천재들이나 이해할 수 있다고 생각한다. 필자도 1985년 한양대학교 전자통신과 3학년 시절, 이만영교수님께 부호이론을 수강하였을 때의 두근거림을 지금도 기억하고 있다. 필자는 2002년부터 현재까지 몸 담고 있는 금오공과대학교 전자공학부에서의 강의 경험을 바탕으로, 전자·컴퓨터공학을 전공하는 학부 3, 4학년이 이해할 수 있는 채널코딩 입문서를 집필하게 되었다.

최대한 개념 위주로 설명하고자 노력하였으나, 아직 필자의 내공이 수학의 도움 없이 채널코딩을 완벽히 설명할 만큼 높지 않아, 수학의 언어를 사용한 부분도 상당히 있음을 인정하지 않을 수 없다.

1장에서는 디지털 정보 송·수신 과정, 채널코딩에 필요한 디지털 통신의 기본적인 변복조와 BER 계산에 대하여 설명한다. 먼저, 디지털화된 정보의 오류검출 및 정정을 위한 채널 인코딩/디코딩 및 MPSK(Multiple Phase Shift Keying) 및 QAM(Quadrature Amplitude Modulation) 디지털 변복조에 대하여 다룬다. 그리고, BSC(Binary Symmetric Channel) 및 AWGN(Additive White Gaussian Noise) 채널에서의 경판정 및 연판정 복호와 차이점을 예제 중심으로 설명한다. 또한 AWGN 채널에서 BER(Bit Error Rate) 계산법에 대하여 설명한다. 1장의 수학적인 내용은 2장부터 학습하면서 필요 시에 참조하는 것이 채널코딩 내용에 좀 더 집중할 수 있는 방법으로 생각된다.

2장에서는 채널코딩에서 주로 사용되는 해밍중, 해밍거리, 최소거리, 선형블록부호 등의 기본적인 정의를 다룬다. 패리티 검사부호 및 반복부호의 오류검출 및 정정에 대하여 기본 개념 중심으로 설명한다. 그리고 단순한 짝수 패리티 검사부호를 조합하여 만든 해밍부호를 이용한 오류검출 및 정정에 대하여 다룬다.

3장은 최소거리와 오류검출 및 오류정정능력과의 관계를 다룬다. 해밍구와 오류정정능력을 이용한 해밍구와 복호영역 기반 오류정정 기법에 대하여 설명한다. 그리고 오류정정을 위하여 부가되어야 하는 패리티 비트의 길이에 관한 싱글톤 한계식, 해밍 한계식, 길버트 한계식을 시각적으로 설명한다. 또한 채널코딩 기법을 적용한 경우와 그렇지 않은 경우의 성능을 비교하여 시스템에서 얻을 수 있는 부호이득을 예제 중심으로 설명한다.

4장은 채널코딩을 위한 부호어를 효율적으로 생성할 수 있는 생성행렬을 다룬다. 그리고 부호 구성 및 오류검출 및 정정의 개념을 이해할 수 있는 표준배열을 이용한 오류정정기법에 대하여 설명한다. 채널을 통하여 수신된 부호벡터의 오류검출과 정정에 사용되는 패리티 검사행렬에 대하여 다룬다. 패리티 검사행렬을 사용하면, 수신벡터의 오류신드롬을 계산할 수 있으며, 이를 이용한 오류검출 및 정정을 할 수 있다. 패리티 검사행렬을 사용한 최소거리 계산에 대하여 설명한다.

5장은 매우 간단하면서도 우수한 성능을 갖는 RM(Reed Muller) 부호에 대하여 설명한다. 이 부호는 우주 탐사선 및 현재의 W-CDMA, LTE, 5G 이동통신시스템 등에서도 계속 사용되고 있다. RM 부호와 밀접한 관련이 있는 하다마드 행렬과 FHT(Fast Hadamard Transform)을 이용한 RM 부호의 복호에 대하여 설명한다.

6장은 채널 인코더와 오류신드롬 복호가 용이한 순회부호(cyclic code)에 대하여 다룬다. 단축 순회부호는 3G, 4G, 5G 등 이동통신시스템 및 컴퓨터 통신 등의 모든 분야에서 프레임 오류검출용으로 사용된다. 그리고 순회부호 중에서 널리 사용되는 골레이 부호 및 복호법에 대하여 다룬다.

7장은 채널을 통하여 수신된 수신벡터로부터 송신 부호어를 최적으로 선택하는 최우도복호법(MLD: Maximum Likelihood Decoding)에 대하여 설명한다. 그리고 선형 블록부호의 격자도 표현과 선형블록부호의 MLD에 대하여 설명한다.

8장은 1955년 Peter Elias에 의하여 제안된 콘볼루션 부호와 TCM(Trellis Coded Modulation)에 대하여 다룬다. 먼저 콘볼루션 부호의 구조 및 특성 그리고 최소자유거리, 중분포, 생성행렬 구성 방법, 재앙부호 판별법에 대하여 설명한다. 콘볼루션 부호의 효율적인 MLD 구현방법인 비터비 알고리즘을 알기 쉽게 설명한다. 정보계열의 길이가 짧은 경우 부호율의 손실을 없앨 수 있는 TB(Tail Biting) 콘볼루션 부호에 대하여 설명한다. 이 부호는 현재 상용 중인 LTE 시스템의 제어 채널에서 사용되고 있다. 그리고 1982년 Glttfried Ungerboeck에 의하여 고안된 변조와 채널코딩을 한꺼번에 수행하는 TCM에 대하여 설명한다. TCM 방식은 ADSL(Asymmetric Digital Subscriber Line) 모뎀, VDSL(Very high-data rate Digital Subscriber Line) 모뎀, CATV(Community Access Television) 등에서 널리 사용된다.

그리고 필자가 준비한 무료 인터넷 공개 강좌인 KOCW의 "선형블록부호"를 본 교재와 함께 학습하면, 채널코딩에 대한 이해를 높이는 데 많은 도움이 될 것으로 생각된다.

저자

CONTENTS

PREFACE iii

CHAPTER 1 **전송 채널 및 디지털 변복조** 001

1.1 전송채널 003
1.2 디지털 변복조 008

CHAPTER 2 **기본 정의 및 해밍부호** 017

2.1 기본 정의 019
2.2 패리티 검사부호 024
2.3 반복부호 029
2.4 해밍부호 033
2.5 해밍부호의 오류검출 및 정정 036

CHAPTER 3 **오류검출 및 정정** 043

3.1 오류검출 및 정정능력 045
3.2 한계식 054
3.3 부호이득 059

CHAPTER 4 **생성행렬 및 패리티 검사행렬** 067

4.1 생성행렬 069
4.2 표준배열 074
4.3 패리티 검사행렬 078
4.4 신드롬복호 086
4.5 선형블록부호의 변형 088

CHAPTER 5 **Reed Muller 부호 및 Hadamard 행렬** 093

5.1 Reed Muller 부호 095
5.2 Hadamard 행렬 099
5.3 Fast Hadamard Transform 102
5.4 RM 부호 복호 104

CHAPTER 6 **순회부호 및 골레이부호** 107

6.1 순회부호의 기본 정의 및 정리 109
6.2 조직부호 형태의 순회부호 생성 117
6.3 순회부호의 쌍대부호 및 패리티 검사행렬 135
6.4 순회부호의 오류검출 139
6.5 순회부호의 오류정정 144
6.6 CRC 146
6.7 골레이부호 149
6.6.1 골레이부호 채널 인코딩 149
6.6.2 골레이부호 채널 디코딩 150
6.6.3 확장 골레이부호 152

CHAPTER 7 **최우도복호 및 격자도 표현** 155

7.1 BSC 채널에서의 MLD 157
7.2 가우시안 채널에서의 MLD 159
7.3 블록부호의 격자도 표현 162
7.3.1 반복부호의 격자도 표현 162
7.3.2 패리티 검사부호의 격자도 표현 163
7.3.3 선형블록부호의 격자도 표현 165
7.3.4 격자도를 사용한 최우도 복호 168

CHAPTER 8 **격자부호** 171

8.1 콘볼루션 부호 174
8.1.1 채널 인코더 174
8.1.2 상태도(state diagram) 182
8.1.3 격자도(trellis diagram) 183
8.1.4 격자도 종료(trellis diagram termination) 188
8.1.5 최소자유거리 192
8.1.6 중분포 195
8.1.6 생성행렬 202
8.1.7 비터비 알고리즘(Viterbi Algorithm) 208
8.1.8 MLD 성능분석 218
8.1.9 TB 콘볼루션 부호(Tail−biting convolutional code) 222
8.2 TCM(Trellis Coded Modulation) 225

APPENDIX

A.1 BSC 구현 프로그램 235
A.2 BI-AWGN 채널 구현 프로그램 237
A.3 BPSK BER 계산 프로그램 239
A.4 하다마다 행렬 구현 프로그램 240

참고문헌 243
INDEX 249

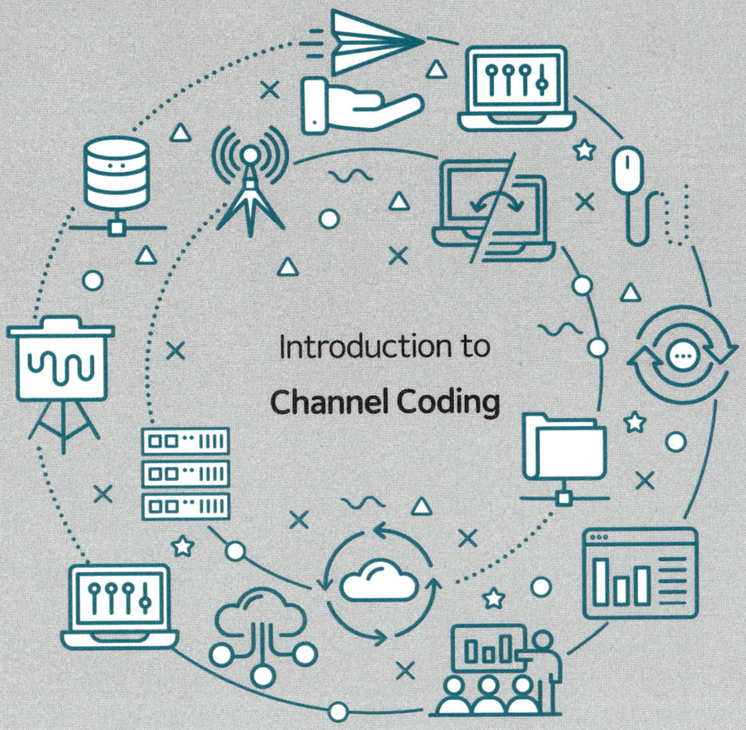

CHAPTER

1

전송 채널 및 디지털 변복조

구 성

1.1 전송채널

1.2 디지털 변복조

1.1 전송채널

그림 1.1은 디지털 정보 송·수신 과정을 나타낸다. 디지털화된 정보계열은 전송 채널에서 발생되는 오류를 수신단에서 검출하고 정정할 수 있도록 채널 인코더(Channel Encoder)에서 디지털화된 부호어가 된다 [1]–[5]. 그리고 변조기는 이러한 부호어를 주파수 대역 제한된 채널 상으로 효율적으로 전송하기 위한 신호로 변환시켜 채널을 통하여 전송하게 된다.

채널 상에는 존재하는 잡음은 변조된 신호에 더해져 수신기에 수신된다. 복조기는 이렇게 수신된 신호를 복조한다. 그리고 복조된 신호는 경판정되어, 디지털화된 신호 계열이 된다. 채널 디코더(Channel Decoder)는 이러한 수신 신호 계열에서 발생된 오류를 검출하고 정정하여 신뢰성 높은 정보가 수신될 수 있게 한다.

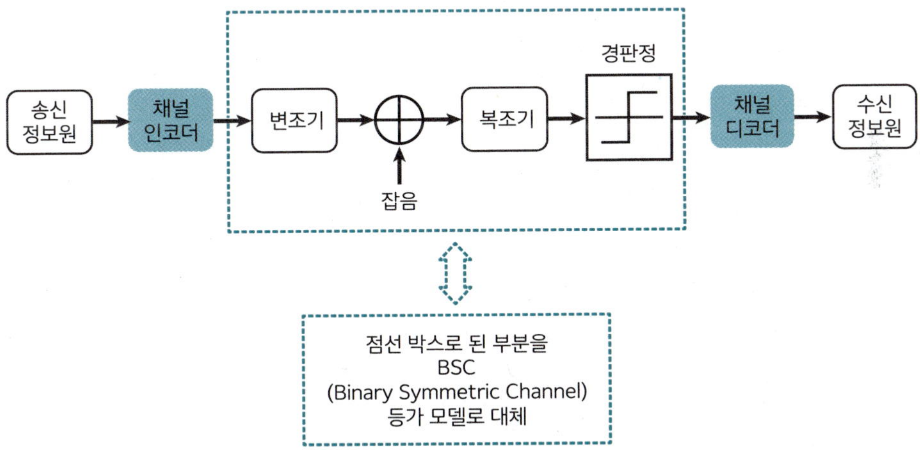

그림 1.1 디지털 정보 송·수신 과정

그림 1.1의 점선 박스 부분을 그림 1.2의 BSC(Binary Symmetry Channel)로 대치한다.

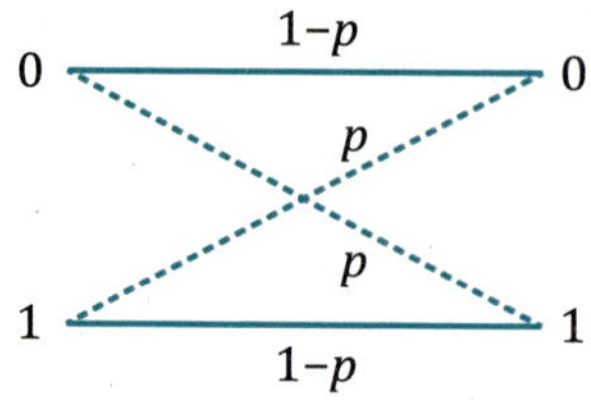

그림 1.2 BSC 등가 모델

BSC 모델은 신호 변조 및 복조와 잡음의 영향을 간략화할 수 있으며, 쉽고 해석하기 용이하다. 실제로 BSC에서의 좋은 성능을 나타내는 기법은 다른 채널 모델에서도 대부분의 경우 좋은 성능을 나타내기 때문에 처음 채널코딩을 접하는 경우 자주 사용된다. 그림 1.3은 BSC 모델을 사용한 정보 송·수신 과정이다. 여기서, p는 천이확률(transition probability)이며, 0이 전송되어 1로의 천이확률 혹은 1이 전송되어 0으로 천이확률을 나타낸다. 천이확률은 0과 0.5 사이의 값을 갖는다.

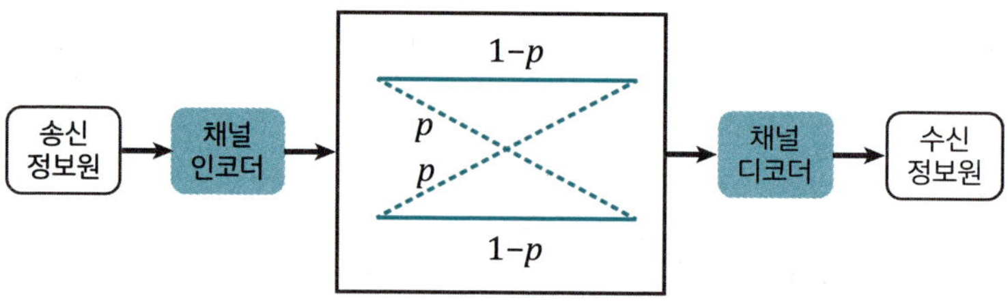

그림 1.3 BSC 등가 채널의 정보 송·수신 과정

그림 1.4의 원으로 표시된 부분은 전송 가능한 2가지 부호벡터

[0,0]
[1,1]

을 의미한다. 그리고 세모로 표시된 부호벡터 [0,0] 이 BSC를 통과하면서, 두 번째 비트에 오류가 발생하여 별로 표시된 [0,1]가 수신된 경우이다. 즉, 원래 전송된 부호어가 [0,0]인데, BSC를 통과하여 [0,1]로 수신된 경우이다. BSC 구현은 부록 A.1에 설명되어

있다. 요즘 많이 사용되는 파이썬 언어로 작성하였다.

하지만, 수신기 입장에서는 [1,1]이 전송되고 BSC에서 첫 번째 비트에 오류가 발생하여 [0,1]이 수신되었다고 생각할 수도 있다. 따라서, 첫 번째 비트와 두 번째 비트 어디에서 오류가 발생하였는지 판단할 수 없다. 다만 분명한 것은 수신벡터 [0,1]은 유효한 전송 부호어가 아니라는 것이므로, 오류검출만 가능한 것이다.

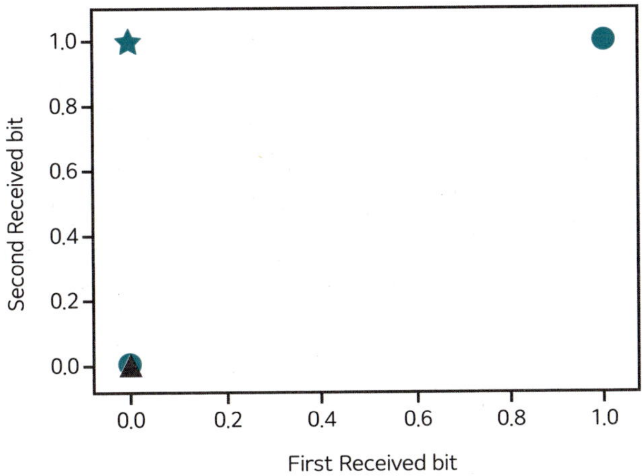

그림 1.4 BSC을 통과하여 수신된 부호벡터

그림 1.1과 같이 수신 신호를 경판정한 후, 디코딩하는 경우는 해밍 공간에서 복호를 수행한다. 해밍(Hamming) 부호, BCH/RS 부호 등과 같은 대수학에 기반한 부호들은 해밍 공간에서 디코딩이 간단히 될 수 있는 알고리즘이 개발되어 있어, 많은 경우에 이러한 경판정 후에 채널 디코딩을 수행한다 [3]–[12]. 하지만 경판정 후에 최소해밍거리에 기반한 채널 디코딩은 연판정에 비하여 성능 저하를 가져온다. 따라서, 성능 향상을 위하여 경판정을 사용하지 않고 수신된 신호의 아날로그 값을 사용한 연판정 기법을 사용할 수도 있다. 이 경우, 백색 가우시안 잡음 (AWGN)채널에서 2~3dB 정도의 성능 향상을 가져오는 것으로 알려져 있다.

그림 1.1의 경판정 부분을 제거하면 그림 1.5와 같은 연판정 정보 송수신 과정이 된다.

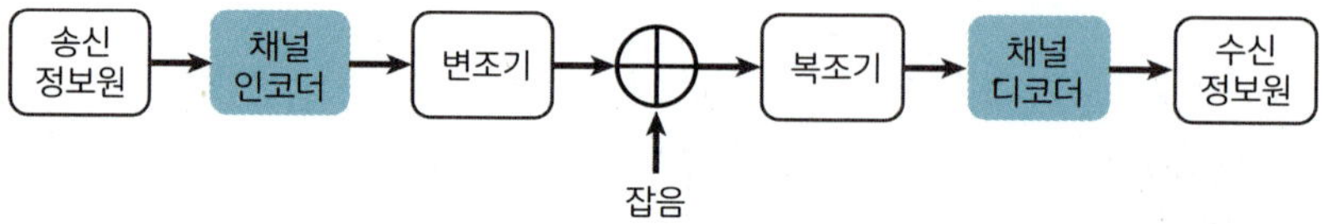

그림 1.5 연판정 정보 송·수신 과정

그림 1.6에서 원으로 표시된

```
a:[-1,-1]
b:[1,1]
```

두 점은 전송 가능한 유효 부호벡터이다. 세모는 유효 부호어[1,1]이다. 전송 부호벡터에 백색 가우시안 잡음이 부가되어 그림 1.6의 별이 수신되었다고 가정한다. 그림에

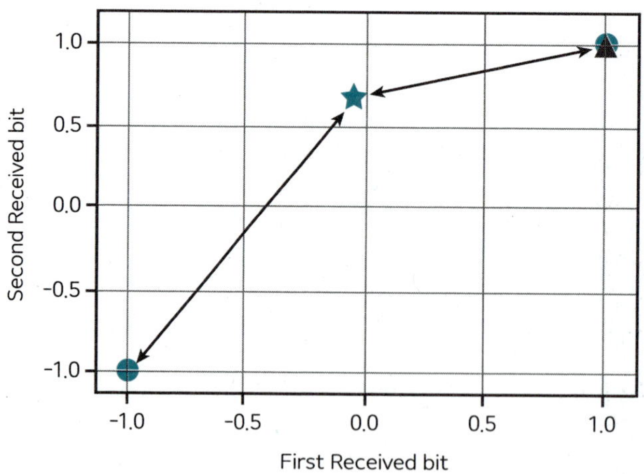

distance to a: 3.2639530541310413
distance to b: 1.5306379239502124

그림 1.6 AWGN 채널을 통과하여 수신된 부호벡터

서 알 수 있듯이 수신 부호벡터와 a 사이의 유클리디언 거리는 3.26이며, b와의 거리는 1.53이다. 수신단은 최소 유클리디언 거리의 b점이 송신 부호벡터라 판단하고, [1,1]을 송신 부호어로 추정한다. 두 가지의 특수한 예제에서, 경판정의 BSC에서는 오류검출만 가능하였지만, 연판정을 사용하는 AWGN 채널에서는 오류정정까지 가능하게 된다. AWGN 채널 구현과 유클리디언 계산 프로그램은 부록 A.2에 설명되어 있다.

1.2 디지털 변복조

디지털 변조 및 복조 기술을 평가하는데 있어서, 가장 많이 사용되는 것이 BER(Bit Error Rate)이다. 그리고 AWGN(Additive White Gaussian Noise) 채널 환경에서의 성능 분석이 가장 일반적이므로, AWGN 채널에서의 MPSK(Multiple Phase Shift Keying) 방식의 BER 계산법에 대하여 살펴본다. 그림 1.7은 I−channel과 Q−channel로 구성된 MPSK 신호 발생기를 나타낸다 [2]−[3].

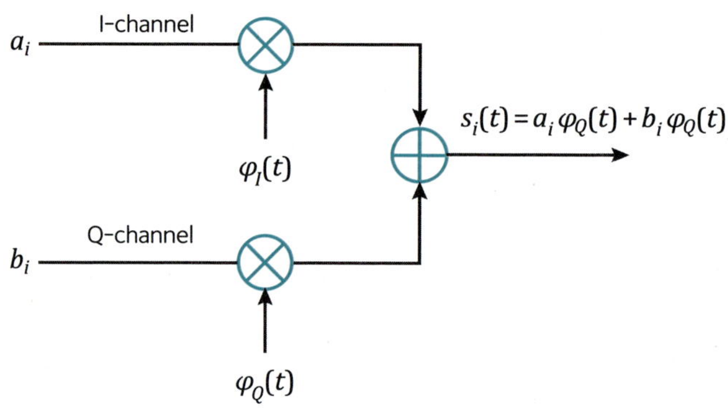

그림 1.7 MPSK 변조 신호 발생기

MPSK 변조된 신호는 일반적으로

$$s_i(t) = \mathrm{Re}\{(I_i + jQ_i)\exp(j\omega_c t)\} = a_i\varphi_I(t) + b_i\varphi_Q(t) \tag{1.1}$$

으로 표현되며, $i = 1, 2, \cdots, \mathrm{M}$이다. 여기서, I와 Q 채널 입력 값은 각각

$$a_i = \cos\theta_i$$
$$b_i = \sin\theta_i$$

이며, I와 Q 채널의 반송파는 각각

$$\varphi_I(t) = \sqrt{\frac{2}{T_s}} \cos \omega_c t$$

$$\varphi_Q(t) = -\sqrt{\frac{2}{T_s}} \sin \omega_c t$$

이다. 여기서, T_s는 심벌 시간 간격이다. 만약, M = 2이면,

$$\theta_i = \{0, \pi\}$$

이고, 이는 BPSK(Binary Phase Shift Keying)에 해당한다. 그리고 M = 4이면,

$$\theta_i = \left\{\pm\frac{\pi}{4}, \pm\frac{3}{4}\pi\right\}$$

이며, 이는 QPSK(Quadrature Phase Shift Keying)에 해당한다. 만약, M = 8이면,

$$\theta_i = \left\{0, \pi, \pm\frac{\pi}{2}, \pm\frac{\pi}{4}, \pm\frac{3}{4}\pi\right\}$$

이고, 8-PSK에 해당한다. MPSK 변조되어 전송된 신호에 평균이 0이고, 분산이 σ^2인 백색 가우시안 잡음(AWGN: Additive White Gaussian Noise)이 부가되어

$$r(t) = s_i(t) + n(t)$$

으로 수신되는 경우를 고려하자. 일반적으로 MPSK 신호에는 동기 복조기를 사용하며, 다음과 같은 수신 구조를 갖는다.

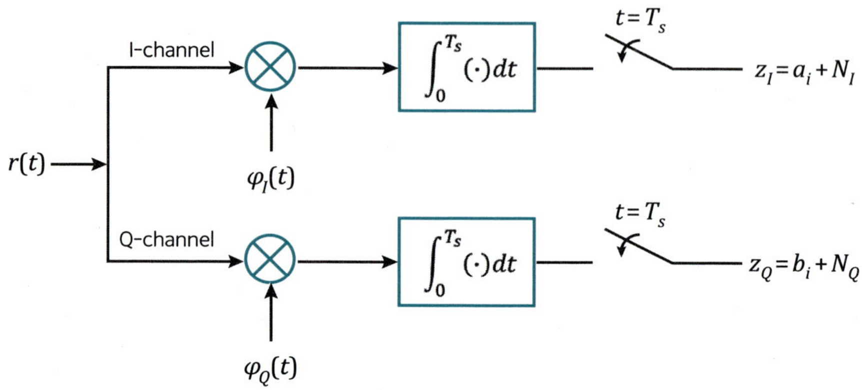

그림 1.8 MPSK 동기 복조기

여기서, I, Q 채널의 동기 복조기 출력의 잡음 성분은 각각

$$N_I = \sqrt{\frac{2}{T_s}}\int_0^{T_s} n_I(t)\cos\omega_c t dt$$

$$N_Q = \sqrt{\frac{2}{T_s}}\int_0^{T_s} n_Q(t)\sin\omega_c t dt$$

이다. WSS(Wide Sense Stationary)를 가정하면, 잡음 성분의 평균은 다음과 같이 0이 된다.

$$\mathrm{E}[N_I] = \sqrt{\frac{2}{T_s}}\int_0^{T_s} E[n_I(t)]\cos\omega_c t dt = 0$$

$$\mathrm{E}[N_Q] = \sqrt{\frac{2}{T_s}}\int_0^{T_s} E[n_Q(t)]\cos\omega_c t dt = 0$$

그리고 잡음의 2차 모멘트는

$$\mathrm{E}[N_I^2] = \frac{2}{T_s}\iint_0^{T_s} E[n_I(t)n_I(s)]\cos\omega_c t\cos\omega_c s\,dt\,ds$$

이고,

$$\mathrm{E}[n_I(t)n_I(s)] = \frac{N_0}{2}\delta(t-s)$$

이므로, I 채널 잡음의 2차 모멘트는

$$\mathrm{E}[N_I^2] = \frac{N_0}{2}$$

이다. 유사한 방법으로 Q 채널 잡음의 2차 모멘트도

$$\mathrm{E}\left[N_Q^2\right] = \frac{N_0}{2}$$

임을 알 수 있다. 따라서 I, Q 채널 잡음의 분산은 모두

$$\sigma^2 = \frac{N_0}{2}$$

이다. 그리고 복조기 출력의 평균 심벌 에너지는 항상

$$E_s = \frac{\sum_{i=1}^{M}\left(a_i^2 + b_i^2\right)}{M}$$

이다. 그리고 신호대 잡음비를

$$\mathrm{SNR} = \frac{E_s}{N_0}$$

으로 정의한다. 평균 심벌 에너지를 $E_s = 1$로 두면, 계산이 편리하고,

$$\text{SNR} = \frac{1}{N_0} = \frac{1}{2\sigma^2}$$

이 되어, 표준편차는

$$\sigma = \sqrt{\frac{1}{2 \times \text{SNR}}}$$

이 된다. 따라서 복조기 출력의 I, Q 채널 값은 다음과 같은 평균과 분산의 정규분포 함수를 갖는 랜덤 변수가 된다.

$$Z_I \sim N\left(a_i, \frac{N_0}{2}\right) = N\left(a_i, \frac{1}{2 \times \text{SNR}}\right)$$

$$Z_Q \sim N\left(b_i, \frac{N_0}{2}\right) = N\left(b_i, \frac{1}{2 \times \text{SNR}}\right)$$

M = 2인 BPSK는 $\theta_i = \{0, \pi\}$이고, $E_s = E_b$이며, I–channel만 있는 경우에 해당하므로, 복조기 출력은

$$\text{Z} \sim N\left(\pm 1, \frac{N_0}{2E_b}\right)$$

가 된다. Z의 값이 양의 값을 가지면, $\theta_i = 0$, 그렇지 않으면, $\theta_i = \pi$로 판단한다. 그리고 위상을 각각 0과 1로 매핑하면, Z의 값이 양의 값이면, 0을 수신한 것으로 판단하고, 그렇지 않으면, 1을 수신한 것으로 판단한다. BPSK인 경우, 오류가 발생하는 경우는 0을 송신했는데 1로 판단하거나, 1을 송신했는데 0으로 판단하는 경우이며, BPSK 신호의 BER은

$$P_b = \text{Q}\left(\sqrt{\frac{2E_b}{N_0}}\right) = \frac{1}{2}\text{erfc}\left(\sqrt{\frac{E_b}{N_0}}\right) \tag{1.2}$$

로 주어지며, Q–함수는 complementary error function과 다음의 관계가 있다.

$$Q(x) = \frac{1}{\sqrt{2\pi}}\int_x^{\infty} \exp(-u^2/2)\, du = \frac{1}{2}\text{erfc}\left(\frac{x}{\sqrt{2}}\right) \tag{1.3}$$

여기서,

$$\text{erfc}(x) = \frac{2}{\sqrt{\pi}}\int_x^{\infty} e^{-u^2}\, du$$

이다. 다음의 그림은 BPSK BER 성능 곡선을 보여준다. A.3에 계산 프로그램이 설명되어 있다.

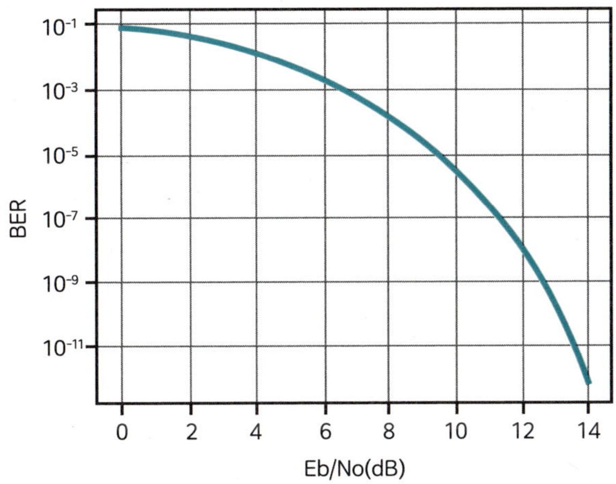

그림 1.9 BPSK BER 성능 곡선

BPSK에서 $\frac{E_b}{N_0} = 4\text{dB}$에서 BER=0.0125이다. 이는 전이확률이 $p = 0.0125$인 BSC 등가 채널 모델인 경우와 매우 유사하다.

QPSK인 경우에는,

$$E_s = 2E_b$$

이고, I, Q 채널 복조기 출력의 값은 각각

$$Z_I \sim N\left(a_i, \frac{N_0}{2E_s}\right) = N\left(a_i, \frac{N_0}{4E_b}\right) = N\left(\pm\frac{1}{\sqrt{2}}, \frac{N_0}{4E_b}\right) = N\left(\pm 1, \frac{N_0}{2E_b}\right)$$

$$Z_Q \sim N\left(b_i, \frac{N_0}{2E_s}\right) = N\left(b_i, \frac{N_0}{4E_b}\right) = N\left(\pm\frac{1}{\sqrt{2}}, \frac{N_0}{4E_b}\right) = N\left(\pm 1, \frac{N_0}{2E_b}\right)$$

이므로, I 채널 혹은 Q 채널의 BER는 동일하다는 것을 알 수 있다. 그리고 QPSK의 BER은 I 채널 및 Q 채널의 BER의 평균으로 생각할 수 있다. 또한 I, Q 채널의 BER은 BPSK의 BER과 동일하다. 따라서 QPSK의 BER은 BPSK의 BER과 동일하게 된다.

8PSK인 경우, $E_s=3E_b$이고,

$$Z_I \sim N\left(a_i, \frac{N_0}{2E_s}\right) = N\left(a_i, \frac{N_0}{6E_b}\right)$$

$$Z_Q \sim N\left(b_i, \frac{N_0}{2E_s}\right) = N\left(b_i, \frac{N_0}{6E_b}\right)$$

이다. 수신된 신호를 복조 평면에서, 8개의 8-PSK 신호 점과 유클리디언 거리가 가장 가까운 신호가 수신되었다고 판단한다. 잡음이 부가되어 수신되는 경우, 원래 보낸 신호와 인접한 신호로 잘못 복조되는 경우가 자주 발생하게 된다. 이 때, Gray 부호를 사용하게 되면, BER를 줄일 수 있다. Gray 부호에서 인접한 신호 점 사이에는 한 비트만 다르게 되는 특징이 있다. 그림 1.10과 1.11은 각각 8-PSK 신호 성상도와 Gray 부호를 적용한 8-PSK 신호 성상도를 나타낸다.

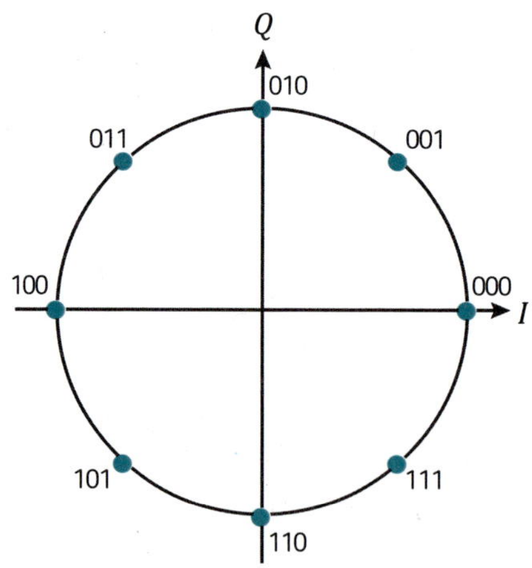

그림 1.10 8-PSK 신호 성상도

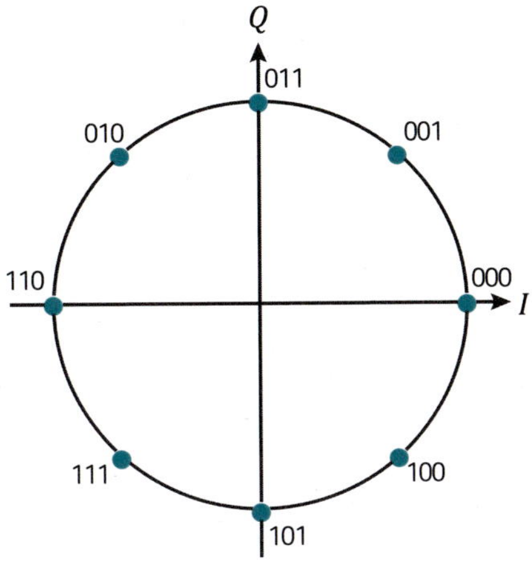

그림 1.11 Gray 부호를 적용한 8-PSK 신호 성상도

QAM(Quadrature Amplitude Modulation) 신호에 대하여 살펴본다. QAM 신호도 MPSK 신호와 같은 식으로 표현되나, a_i와 b_i가 I 채널과 Q 채널의 진폭 값을 나타낸다. 이는 MPSK에서 $a_i=\cos\theta_i$, $b_i=\sin\theta_i$와 같이 a_i와 b_i가 전송 신호의 위상 값으로 표현된다는 것과 대비된다. 16-QAM의 i 번 성상도 신호는,

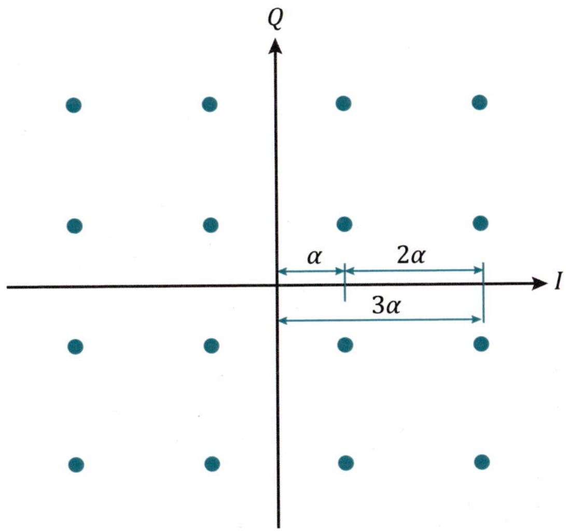

그림 1.12 16 QAM 신호 성상도

$$S_i(t) = a_i\varphi_I(t) + b_i\varphi_Q(t)$$

으로 표현된다.

여기서, $a_i=\{\pm\alpha,\pm 3\alpha\}$, $b_i=\{\pm\alpha,\pm 3\alpha\}$이다. α의 값은 모든 신호의 한 심벌당 평균 에너지가 $E_s=1$가 되게 하는 값으로 정한다. 이를 식으로 정리하면,

$$\frac{4(2\alpha^2 + 10\alpha^2 + 10\alpha^2 + 18\alpha^2)}{16} = E_s = 1$$

이고,

$$\alpha = \sqrt{\frac{1}{10}}$$

이다. 동기 복조기 출력 값은 다음과 같은 평균과 분산의 정규분포 함수를 갖는 랜덤 변수가 된다.

$$Z_I \sim N\left(a_i, \frac{1}{2\times \mathrm{SNR}}\right)$$

$$Z_Q \sim N\left(b_i, \frac{1}{2\times \mathrm{SNR}}\right)$$

C H A P T E R

2

기본 정의 및 해밍부호

구 성

2.1 기본 정의

2.2 패리티 검사부호

2.3 반복부호

2.4 해밍부호

2.5 해밍부호의 오류검출 및 정정

채널 부호에는 선형 및 비선형부호가 존재한다. 하지만 아직까지 선형부호가 가장 선호되고 있으며 이는 선형부호가 갖는 특별한 특성 때문이다. 선형부호는 부호화와 복호화를 매우 효과적으로 구현할 수 있는 장점을 갖고 있다. 어떤 부호가 큰 부호 이득을 갖는다고 하더라도, 실제 구현의 어려움이 따른다면, 이는 실용적이지 못하다 할 수 있다.

2.1 기본 정의

블록부호는 일반적으로 고정된 수의 비트를 갖는 단어의 집합으로 구성된다. 그리고 이러한 단어를 우리는 특별히 부호어(codeword)라 한다. 일반적으로 블록부호는 그림 2.1과 같이 고정된 수의 정보 비트와 패리티 비트를 갖는 블록형태를 갖는다. 여기서 길이가 n비트인 블록부호는 k비트의 정보 비트와 $n-k$비트의 패리티 비트로 구성되며 이를 (n, k) 블록부호라 한다.

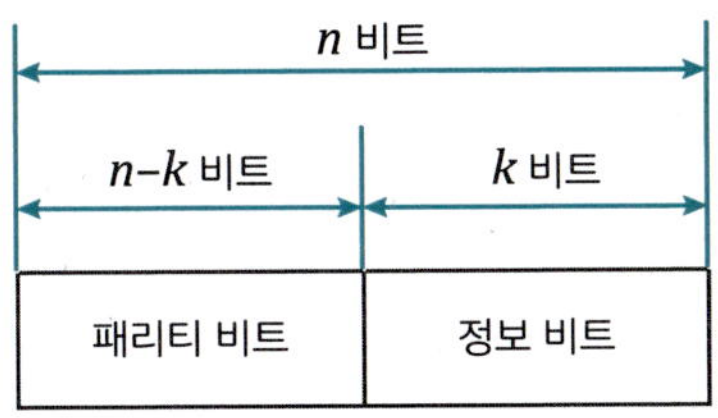

그림 2.1 (n, k) 블록부호

(n, k) 블록부호인 경우 부호기에 입력되는 k 비트의 정보에 $n-k$ 비트의 패리티가 추가되어서 총 길이가 n 비트인 부호어가 된다. 이러한 과정을 부호화라 부르며 그림 2.2에 설명된다.

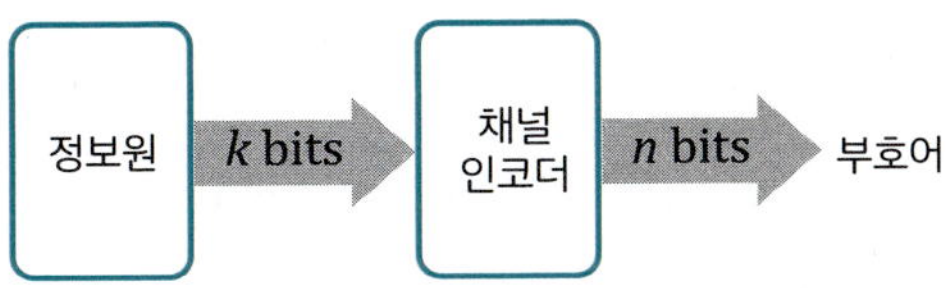

그림 2.2 블록부호의 부호화 과정

(n, k) 블록부호의 k 비트의 입력 정보어(information word)는 다음과 같이 표기된다.

$$\mathbf{m} = (m_0, m_1, \cdots, m_{k-1})$$

여기서 m_i는 0 또는 1의 값을 가지며, $0 \leq i \leq k-1$ 사이의 정수이다. 부호기에서 $(n-k)$ 비트의 패리티가 더해진 경우의 블록부호어는 다음의 형태로 표기된다.

$$\begin{aligned}\mathbf{c} &= (c_0, c_1, \cdots, c_{n-1}) \\ &= (p_0, p_1, \cdots, p_{n-k-1}, m_0, m_1, \cdots, m_{k-1})\end{aligned}$$

여기서 c_i는 0 또는 1의 값을 가지며, $0 \leq i \leq n-1$ 사이의 정수이다.

정보 비트의 길이가 고정되고 부호어 길이 n이 길어지면 일반적으로 오류검출과 정정을 좀 더 잘 할 수 있게 되지만, 정보 비트 외에 부가적인 비트를 전송하는 단점이 발생한다. 이러한 부호어 길이와 정보 비트 길이의 비율은 많이 사용되며, 다음과 같은 부호율(code rate)로 정의된다.

$$R = \frac{k}{n}$$

부호율은 $0 \leq R \leq 1$ 사이의 값을 갖는다. 송신 부호어에 다음과 같은 오류벡터

$$\mathbf{e} = (e_0, e, \cdots, e_{n-1})$$

가 추가되어 수신되는데, 이러한 경우 수신 부호어는 다음과 같은 수신벡터로 표기된다.

$$\begin{aligned}\mathbf{r} &= \mathbf{c} + \mathbf{e} \\ &= (c_0, c_1, \cdots, c_{n-1}) + (e_0, e_1, \cdots, e_{n-1}) \\ &= (c_0 + e_0, c_1 + e_1, \cdots, c_{n-1} + e_{n-1}) \\ &= (r_0, r_1, \cdots, r_{n-1})\end{aligned}$$

오류벡터에서 $e_i = 1$이면 i번째 비트 위치에서 오류가 발생한 것을 나타내고, 그렇지 않으면 오류가 발생하지 않은 것을 나타낸다. 만약 수신단에서 오류가 발생한 위치와

값을 정확히 추정한다면, 즉 오류벡터를 안다면, 원래의 정보를 정확히 추출해낼 수 있게 된다. 수신단에서 추정한 오류벡터를

$$\hat{\mathbf{e}} = (\hat{e}_0, \hat{e}_1, \cdots, \hat{e}_{n-1})$$

라 하자. 그러면, 이원부호인 경우 추정 부호어는

$$\hat{\mathbf{c}} = \mathbf{r} - \hat{\mathbf{e}} = \mathbf{r} + \hat{\mathbf{e}}$$

이 된다. 0과 1 만을 사용하는 이원부호에서는 $1+1=1-1=0$이기 때문에 $\mathbf{r} - \hat{\mathbf{e}} = \mathbf{r} + \hat{\mathbf{e}}$이다. (n, k) 블록부호인 경우 길이가 n인 2^n개의 부호 중에서 2^k개는 부호어로 사용되며, 나머지 $2^n - 2^k$개는 부호어로 사용되지 않는다. 이러한 사용되지 않은 부호가 있으므로 인하여 오류를 검출하거나 정정할 수 있게 된다.

이제는 부호이론의 기본적인 개념인 해밍중(Hamming weight)과 해밍거리(Hamming distance)에 대하여 살펴본다 [3]–[7].

정의 2.1 해밍중

길이가 n인 부호어 $\mathbf{c}=(c_0, c_1, \cdots, c_{n-1})$의 해밍중(Hamming weight)은 부호어 내의 영이 아닌 성분의 개수이며 $w(\mathbf{c})$로 표기한다.

예를 들어, $\mathbf{c}=(1110010)$ 부호어의 해밍중은 $w(\mathbf{c})=4$ 이다.

특성 2.1 해밍중

길이가 n인 두 이원 벡터 $\mathbf{x}$, $\mathbf{y}$의 해밍중을 $w(\mathbf{x})$, $w(\mathbf{y})$라 하자. 그리고 두 벡터 합의 해밍중을 $w(\mathbf{x}+\mathbf{y})$라 하면, 다음의 부등식이 성립한다.

$$w(\mathbf{x} + \mathbf{y}) \geq |w(\mathbf{x}) - w(\mathbf{y})| \tag{2.1}$$

여기서, 등식은 $\mathbf{x}=\mathbf{y}$인 경우 성립한다.

정의 2.2 해밍거리

길이가 n인 두 부호어

$$\mathbf{u} = (u_0, u_1, \dots, u_{n-1})$$
$$\mathbf{v} = (v_0, v_1, \dots, v_{n-1})$$

사이의 해밍거리는 두 부호어의 대응하는 성분 중 서로 다른 성분 쌍의 개수이며 다음 식으로 정의된다.

$$d(\mathbf{u}, \mathbf{v}) = |\{i | u_i \neq v_i, i = 0,1, \dots, n-1\}| \tag{2.2}$$

그러므로 해밍거리에는 다음과 같은 특성이 있음을 알 수 있다.

특성 2.2 해밍거리

길이가 n인 부호어 $\mathbf{u}$, $\mathbf{v}$, $\mathbf{w}$에 대하여 다음과 같은 관계가 성립한다.

① $d(\mathbf{u},\mathbf{v}) \geq 0$, 등호는 $\mathbf{u}=\mathbf{v}$일 때 성립한다.

② $d(\mathbf{u},\mathbf{v}) = d(\mathbf{v},\mathbf{u})$

③ $d(\mathbf{u},\mathbf{v}) + d(\mathbf{v},\mathbf{w}) \geq d(\mathbf{u},\mathbf{w})$ (삼각 부등식)

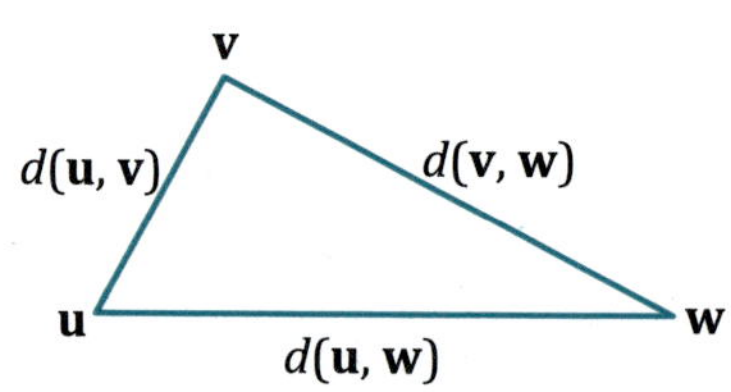

그림 2.3 해밍거리의 삼각 부등식

정의 2.3 선형블록부호

부호의 길이가 n이고 2^k개의 부호어를 갖는 (n,k) 블록부호 C에서 임의의 두 부호어 $\mathbf{c}_i$, $\mathbf{c}_j \in C$ 를 더한 결과가 동일한 부호 내의 다른 부호어 $\mathbf{c}_k = \mathbf{c}_i + \mathbf{c}_j \in C$가 될 때, 이러한 부호를 (n,k) 선형블록부호라 한다.

선형부호의 정의에 의하여 $\mathbf{u}+\mathbf{v}=\mathbf{w}$: $\mathbf{u},\mathbf{v},\mathbf{w} \in C$ 이므로, 해밍중과 해밍거리 사이에는 다음의 관계가 성립한다.

$$d(\mathbf{u},\mathbf{v}) = w(\mathbf{w})$$

정의 2.4 최소거리

선형부호 C에서 서로 다른 두 부호어 사이의 해밍거리 중에서 가장 작은 최소치를 최소거리(minimum distance)라 하며, $d_{\min}$으로 표기한다.

최소거리와 최소 해밍중 사이에는 다음의 관계식이 성립한다.

$$\begin{aligned} d_{\min} &= \min\{d(\mathbf{u},\mathbf{v}): \mathbf{u},\mathbf{v} \in C, \mathbf{u} \neq \mathbf{v}\} \\ &= \min\{w(\mathbf{w}): \mathbf{w} \in C, \mathbf{w} \neq \mathbf{0}\} \\ &= w_{\min} \end{aligned}$$

일반적으로 최소거리를 계산하는 것보다 최소 해밍중을 계산하는 것이 간단하므로, 선형부호에서는 최소 해밍중을 계산하고, 이 값을 최소거리 값으로 많이 사용한다.

2.2 패리티 검사부호

선형블록부호 중에서 가장 간단한 형태는 패리티(parity) 검사부호이다. 패리티 검사부호는 짝수(even) 및 홀수(odd) 패리티 검사부호로 나뉘어진다. 짝수 패리티 검사부호는 정보 비트가 $\mathbf{m}=(m_0,m_1,\cdots,m_{k\text{-}1})$일 때, 오류검출용 패리티 비트를

$$b = \sum_{i=0}^{k-1} m_i$$

로 하여 구성한 부호어

$$\mathbf{c} = (b, m_0, m_1, \cdots, m_{k-1})$$

이다. 그리고 홀수 패리티 검사부호는

$$b = \sum_{i=0}^{k-1} m_i + 1$$

로 만든다. 여기서 더하기는 이원가산(modulo−2 addition)을 의미하며 $1+1=0$이 된다.

표 2.1과 표 2.2는 이러한 두 가지의 패리티 검사부호에 대한 예를 보여준다. 표의 왼쪽 열은 3비트의 정보를 나타내고 오른쪽 열은 4비트의 블록부호를 나타낸다. 정보 비트와 블록부호의 차이점은 블록부호에 패리티 한 비트가 추가된 것이다. 표 2.1의 짝수 패리티 검사부호인 경우는 정보에 포함된 1의 개수가 홀수이면 마지막 비트에 1을 추가하고 그렇지 않으면 0을 추가한다. 이렇게 하는 이유는 짝수 패리티 검사부호에 포함된 모든 1의 개수가 항상 짝수 개가 되도록 만들기 위함이다. 그리고 표 2.2의 홀수 패리티 검사부호인 경우는 정보에 포함된 1의 개수가 홀수이면 마지막 비트에 0을 추가하고 그렇지 않으면 1을 추가한다. 이렇게 하는 이유는 짝수 패리티 검사부호에 포함된 모든 1의 개수는 항상 짝수 개가 되도록 하고 홀수 패리티 검사부호인 경우에는 항상 홀수로 만들기 위함이다.

표 2.1 짝수 패리티 검사부호

정보어	부호어
000	0000
001	1001
010	1010
011	0011
100	1100
101	0101
110	0110
111	1111

표 2.2 홀수 패리티 검사부호

정보어	부호어
000	1000
001	0001
010	0010
011	1011
100	0100
101	1101
110	1110
111	0111

우선 짝수 패리티 검사부호인 경우를 예를 들어보자. 정보 비트 수가 3이므로 이 블록부호의 부호어 개수는 $2^3=8$개가 된다. 그리고 이 부호어의 길이는 4비트이다. 그러면 실제로 길이가 4인 가능한 모든 부호의 개수는 $2^4=16$이 된다. 하지만 이 중에서 절반인 8개만이 표 2.1의 짝수 패리티 검사부호의 부호어로 사용된다. 그리고 사용되지 않은 부호가 수신되면, 수신벡터에 오류가 발생한 것이다. 하지만 부호어의 개수가 커지면 이러한 방법으로 오류를 검출하는 것이 어려워지므로 다음과 같은 방법으로 오류 검출을 쉽게 구현할 수 있다.

① **짝수 패리티 검사부호인 경우:** 수신 부호어의 모든 n비트를 이원 가산한 결과가 짝수, 즉 0이면, 오류가 발생하지 않은 것으로 판단한다. 그렇지 않으면 오류가 발생한 것으로 판단한다.

② **홀수 패리티 검사부호인 경우:** 수신 부호어의 모든 n비트를 이원 가산한 결과가 홀수, 즉 1이면 오류가 발생하지 않은 것으로 판단한다. 그렇지 않으면 오류가 발생한 것으로 판단한다.

예를 들어, 짝수 패리티 검사부호인 경우 (0,0,0)의 정보 비트가 입력되어 (0,0,0,0)가 전송된 경우 첫 번째 비트에 오류가 발생하여 (1,0,0,0)이 되면, 이원가산 결과가 1이 되어 오류가 발생한 것으로 판단한다. 하지만 수신단에서는 어느 위치에서 오류가 발생했는지 알 수 없으므로 이런 경우는 오류검출에만 사용된다. 이번에는 약간 다르게, 전송 도중 첫 번째와 마지막 비트 위치에서 오류가 발생하여 (1,1,0,0)이 수신된 경우를 고려하자. 이 경우, 이원가산 결과가 0이 되어 오류가 발생하지 않은 것처럼 인식된다. 그러므로 패리티 검사부호를 사용하여 항상 발생 오류를 검출할 수 있는 것은 아니다. 하지만, 한 비트의 패리티를 추가하여 오류를 검출할 수 있는 능력을 갖게 된다는 것은 의미 있는 것이다.

예제 2.1

(8,7) 단일 패리티 검사부호는 ASCII(American Standard Code for Information Interchange)에 사용된다. 사용되는 8비트의 부호를 $\mathbf{c}=(c_0,c_1,\cdots,c_7)$ 이라 하자. 그리고 마지막 비트를 $c_7=c_0+c_1+\cdots+c_6$으로 정하면, 이는 짝수 패리티 검사부호가 된다. 이 부호를 BSC(Binary Symmetric Channel)을 통하여 전송한다. 이때 비트 오류 발생 확률을 p라 하자. 그리고 수신된 8비트의 부호에서 오류가 i 비트 발생할 확률을 P_i라 하자. 8비트로 구성된 부호어에서 i개 비트에서 오류가 발생하는 경우의 가지 수는 8개 중에서 i개를 선택하는 조합은 식 (2.3)과 같다.

$$\mathrm{C}_i^8 = \frac{8!}{(8-i)!i!} \tag{2.3}$$

그러면, 각각의 경우가 발생할 확률은 i개 비트에서 오류가 발생하는 확률과 $(8-i)$ 비트에서 오류가 발생하지 않을 확률의 곱으로 주어진다. 따라서 BSC 채널에서의 P_i는 식 (2.4)와 같다.

$$P_i = \mathrm{C}_i^8 p^i (1-p)^{8-i} \tag{2.4}$$

수신된 8비트를 이원가산한 결과가 0이면 수신벡터에 오류가 발생하지 않은 것으로 간주하고, 그렇지 않으면 오류가 발생한 것으로 판단한다. 따라서 홀수 개의 오류가 발생한 경우는 발생 오류를 정확히 검출할 수 있다. 하지만 짝수 개의 오류가 발생한 경우는 8비트 이원가산 결과가 0이어서, 오류를 검출할 수 없다. 이러한 오류검출 실패 확률은 식 (2.5)로 주어진다.

$$P_u(E) = P_2 + P_4 + P_6 + P_8 \tag{2.5}$$

짝수 패리티 검사부호에서는 오류가 검출된 경우라도, 오류 발생 위치는 알 수 없으므로, 수신단은 송신단에 부호어의 재전송을 요구한다. 만약 오류가 검출되지 않은 경우, 수신단은 패리티 검사 비트를 제거한 나머지 7비트를 전송된 정보 비트로 추정한다. 주어진 비트 오류 발생 확률이 $p=0.1, 0.01, 0.001$인 각각의 경우에 대하여 $P_i, 0 \le i \le 8$ 및 오류검출 실패 확률 $P_u(E)$는 표 2.3과 같다. $p=0.01$인 경우 오류

표 2.3 p에 따른 $P_i, 0 \le i \le 8$ 및 $P_u(E)$

	$p=0.1$	$p=0.01$	$p=0.001$
P_0	0.430467	0.922745	0.992028
P_1	0.382638	0.074565	0.007944
$\boldsymbol{P_2}$	**0.148803**	**0.002636**	**0.000028**
P_3	0.033067	0.000053	0.000000
P_4	0.004593	0.000001	0.000000
P_5	0.000408	0.000000	0.000000
P_6	0.000023	0.000000	0.000000
P_7	0.000001	0.000000	0.000000
P_8	0.000000	0.000000	0.000000
$\boldsymbol{P_u(E)}$	**0.153419**	**0.002637**	**0.000028**

검출 실패 확률은 0.153419이고, $p=0.001$인 경우 0.002637이며, $p=0.0001$인 경우 0.000028이 된다. P_0는 오류가 발생하지 않고 8비트의 부호어가 수신된 경우를 나타내는데, $p=0.1, 0.01, 0.001$ 각각의 경우에 대하여 0.430467, 0.922745, 0.992028의 확률을 가짐을 알 수 있다. 따라서 오류검출 실패 확률은 $p \ll 1$인 경우, 식 (2.6)으로 근사화된다.

$$P_u(E) \approx P_2 \tag{2.6}$$

2.3 반복부호

정보 비트의 길이가 1이고 패리티 비트의 길이가 $n-1$인 경우, 이를 $(n,1)$ 반복부호라 한다. 예를 들어 (5,1) 반복부호인 경우 1비트의 정보 비트가 4번 반복되어 총 5비트가 전송된다. 이는 다음 그림으로 설명된다.

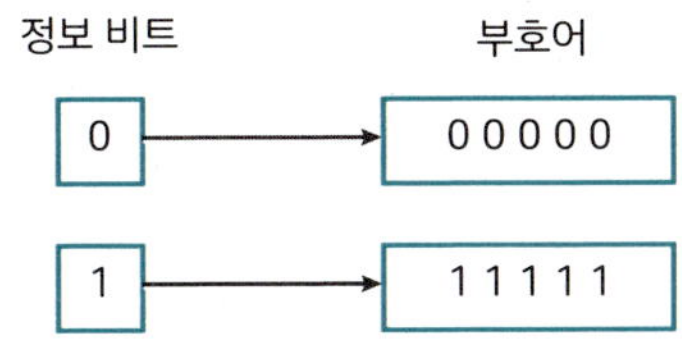

그림 2.4 (5,1) 반복부호의 부호화 과정

길이가 5인 이원부호의 가능한 모든 가지 수는 2^5이지만 이중에서 단지 2개만이 부호어로 사용된다. 이러한 특성을 이용하면 전송 도중에 발생한 오류를 검출하고 발생한 오류의 위치를 추정하여 이를 정정할 수 있게 된다. 수신단에서는 수신된 부호어를 가능한 두 가지의 부호어와 비교하여 가장 근접한 것으로 판단하면 된다. 이러한 방법은 가능한 부호어가 단지 2가지이므로 간단히 구현할 수 있다.

예를 들어 0의 정보 비트가 (00000)으로 부호화되어 전송되었는데, 전송 도중에 오류가 발생하여 (11000)이 수신되었다고 가정하자. 그러면, 수신벡터는 (11111)보다 (00000)에 더 가깝다. 따라서, (00000)를 송신 부호어로, 전송 정보 비트를 0으로 추정한다. 하지만 3개의 비트에서 오류가 발생하여 (11100)이 수신되면 수신벡터는 (00000)보다 (11111)에 더 근접하므로 원래의 정보 비트는 1이라고 잘못 추정한다. 이를 복호 오류라 한다. 이러한 복호 방법은 다수결정 복호법이라 부른다. 왜냐하면 수신된 부호어의 0의 비트 수가 1의 비트 수보다 많으면 0의 정보 비트로 추정하고, 그렇지 않으면 1의 정보 비트로 추정하기 때문이다.

예제 2.2

(5,1) 반복부호가 정보 전송에 사용되고, 이 부호를 BSC(Binary Symmetric Channel)을 통하여 전송한다. 이때 비트 오류 발생 확률을 p라 하자. 그러면 수신된 5비트의 부호에서 오류가 i비트 발생할 확률을 P_i라 하자. 그러면 복호한 결과의 부호어가 송신한 부호어와 다를 확률은

$$P_w(E) = P_3 + P_4 + P_5$$

가 된다. 이러한 (5,1) 반복부호의 복호 예를 다음 그림에서 설명하고 있다.

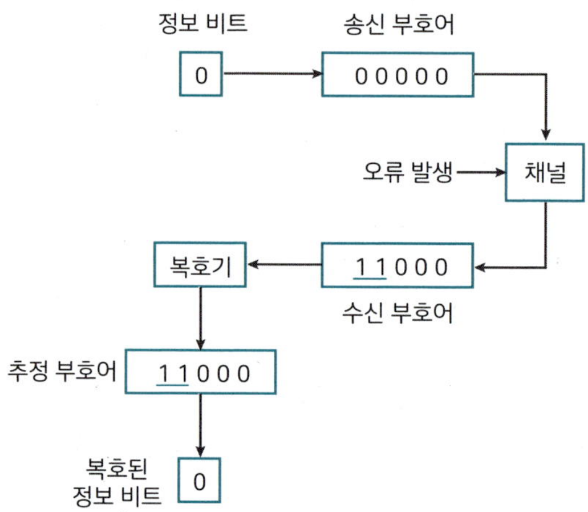

그림 2.5 (5,1) 반복부호의 복호 과정

표 2.4는 p=0.2,0.1,0.01인 경우에 부호어를 잘못 복호할 확률을 계산하여 나타내고 있다. p=0.01인 경우 복호오류 발생 확률이 $P_w(E)$=0.00001이므로 매우 신뢰성 있는 정보 전송이 이루어질 수 있음을 알 수 있다. 이 경우의 부호율은 1/5이다. $p \ll 1$인 경우, $P_w(E)=P_3+P_4+P_5 \approx P_3$가 됨을 알 수 있다.

표 2.4 p에 따른 $P_i, 0 \le i \le 5$ 및 $P_w(E)$

	$p=0.2$	$p=0.01$	$p=0.001$
P_0	0.327680	0.590490	0.950990
P_1	0.409600	0.328050	0.048030
P_2	0.204800	0.072900	0.000970
P_3	0.051200	0.008100	0.000010
P_4	0.006400	0.000450	0.000000
P_5	0.000320	0.000010	0.000000
$P_w(E)$	0.057920	0.008560	0.000010

예제 2.3

$(n, 1)$ 반복부호가 정보 전송에 사용되고, 이 부호를 BSC(Binary Symmetric Channel)를 통하여 전송한다. 이때 비트 오류 발생 확률을 $p=0.1$라 하자. 그러면, $n=5,7,9,11,13,15,17$인 경우의 복호오류 확률은 다음과 같다.

표 2.5 $p=0.1$ 인 경우 $(n,1)$ 반복부호의 복호오류 확률

n	$P_w(E)$
5	0.008560
7	0.002728
9	0.000891
11	0.000296
13	0.000099
15	0.000034
17	0.000011

이렇게 부호의 길이가 길어지면 부호율도 감소하고 복호오류 확률도 감소함을 확인할 수 있다. 예를 들어, $n=17$인 경우 $P_w(E)=0.000011$이 되어 대략 100000개의 부호어가 전송될 때마다, 한 개의 부호어를 잘못 복호하게 된다.

2.4 해밍부호

해밍부호는 최초의 오류정정부호이며 선형블록부호의 특성을 갖는다 [8]. 우선 가장 일반적인 (7,4) 해밍부호를 살펴본다. 이 부호는 4비트의 정보 비트에 3비트의 패리티 비트가 더해져서 길이가 7인 부호어가 된다. 정보어를 $\mathbf{m}=(m_0, m_1, m_2, m_3)$라 하자. 그러면 다음 식에 의하여 3비트의 패리티 검사 비트가 추가되어

$$p_0 = m_0 + m_2 + m_3 \tag{2.7}$$

$$p_1 = m_0 + m_1 + m_2 \tag{2.8}$$

$$p_2 = m_1 + m_2 + m_3 \tag{2.9}$$

길이가 7인 부호어

$$\mathbf{c} = (p_0, p_1, p_2, m_0, m_1, m_2, m_3)$$

가 된다. 여기서 더하기는 이원가산을 의미한다. 그리고 이를 그림으로 표현하면 다음과 같은 3개의 원으로 구성된다.

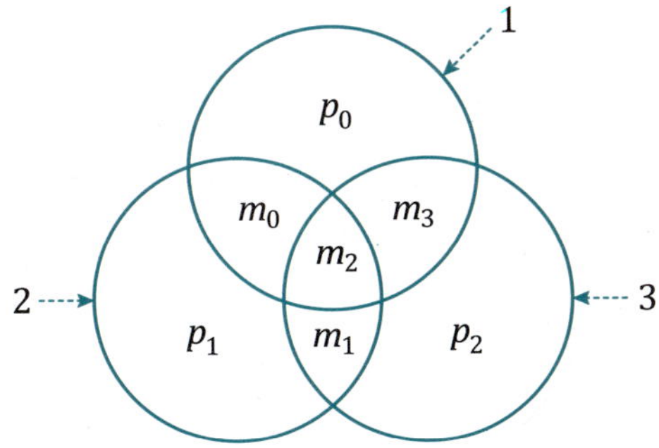

그림 2.6 (7,4) 해밍부호 구성

1번 원은 식 (2.7)의 첫 번째 패리티 비트인 p_0를 생성하며, 2번 원은 식 (2.8)의 두 번째 패리티 비트인 p_1를 생성하며, 3번 원은 식 (2.9)의 마지막 패리티 비트인 p_2를 생성한다. 즉, 각 원에 속한 4개의 비트는 짝수 패리티 검사부호가 됨을 알 수 있다. 즉, (7,4) 해밍부호는 (4,3) 짝수 패리티 검사부호 3개로 구성된다고 생각할 수 있다. 표 2.6은 길이가 7이며 $2^4=16$개의 부호어를 갖는 (7,4) 해밍부호를 나타낸다.

표 2.6 (7,4) 해밍부호의 정보어 및 부호어

정보어 $\mathbf{m}=(m_0, m_1, m_2, m_3)$	부호어 $\mathbf{c}=(p_0, p_1, p_2, m_0, m_1, m_2, m_3)$
(0000)	(0000000)
(1000)	(1101000)
(0100)	(0110100)
(1100)	(1011100)
(0010)	(1110010)
(1010)	(0011010)
(0110)	(1000110)
(1110)	(0101110)
(0001)	(1010001)
(1001)	(0111001)
(0101)	(1100101)
(1101)	(0001101)
(0011)	(0100011)
(1011)	(1001011)
(0111)	(0010111)
(1111)	(1111111)

표 2.6에서 두 부호어

$$\mathbf{c}_1 = (1101000)$$
$$\mathbf{c}_2 = (0110100)$$

를 더하면, 동일한 해밍부호 내의 다른 부호어

$$\mathbf{c}_3 = (1011100)$$

가 됨을 알 수 있다. 이러한 식으로 모든 경우에 대하여 검사해보면 선형블록부호의 정의를 만족함을 알 수 있다. 여기서 임의의 동일한 부호어를 더하면 항상 영벡터가 되므로, 영벡터는 항상 부호어가 된다.

(7,4) 해밍부호의 부호어 사이의 해밍거리를 모두 계산하면 최소 해밍거리는 3이다. 그리고, 이 부호의 최소 해밍중도 3이다. 선형부호에서 두 부호벡터의 합은 그 선형부호 내의 또 다른 부호벡터가 되므로 다음과 같은 식이 성립한다.

$$d_{\min} = w_{\min}$$

여기서 $w_{\min}$는 선형부호의 최소중(minimum weight)이다. 따라서 선형부호의 최소거리는 최소중을 갖는 부호의 해밍중과 동일하게 된다. 따라서 선형부호에서는 모든 부호어 사이의 거리를 비교하여 최소거리를 구하지 않고 부호어의 해밍중으로 간단히 최소거리를 구할 수 있게 된다. 즉, 부호어 중에서 최소의 해밍중을 갖는 부호어의 해밍중이 바로 최소거리가 된다. 예를 들어 (7,4) 해밍부호에서 최소중을 갖는 부호어 (1010001)의 해밍중이 (7,4) 해밍부호의 최소거리가 된다.

2.5 해밍부호의 오류검출 및 정정

해밍부호를 사용한 오류검출 및 정정을 설명하기 위하여 우선

$$\mathbf{c} = (p_0, p_1, p_2, m_0, m_1, m_2, m_3)$$
$$= (1,1,1,1,1,1,1)$$

이 전송되었다고 가정하자. 만약 m_0 비트에 오류가 발생하여

$$\mathbf{r} = (1,1,1,0,1,1,1)$$

로 수신되었다고 하자. 그리고 그림 2.6과 같이 (1,1,1,0,1,1,1)를 배치하면, 그림 2.7과 같이 된다.

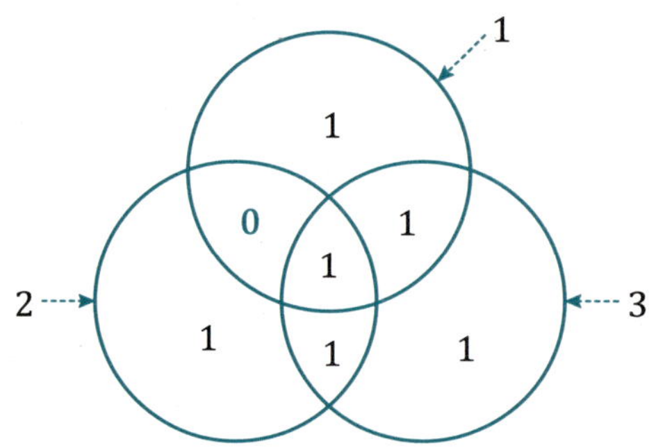

그림 2.7 m_0 비트에 오류가 발생한 경우의 (7,4) 해밍부호 구성

3개 원의 패리티 검사에서 다음과 같은 결과를 얻을 수 있다.

원1 패리티 검사결과=1 ➔ $p_0 \neq m_0 + m_2 + m_3$

원2 패리티 검사결과=1 ➔ $p_1 \neq m_0 + m_1 + m_2$

원3 패리티 검사결과=0 ➔ $p_2 = m_1 + m_2 + m_3$

원1, 원2의 패리티 검사결과가 0이 아니고 1이므로, m_0, m_1, m_2, m_3에 오류가 발생한 것으로 판단된다. 하지만, 원3의 패리티 검사결과가 0이므로 원3에 포함된 m_1, m_2, m_3에는 오류가 발생하지 않았다고 판단한다. 따라서, 원3에는 포함되지 않고 원1과 2에만 포함된 m_0에 오류가 발생한 것으로 판단한다. 그리고 수신된 m_0를 1로 정정한다.

이제는 m_1 비트에 오류가 발생하여

$$\mathbf{r} = (1,1,1,1,0,1,1)$$

가 수신되었다고 하고, 그림 2.6에 (1,1,1,1,0,1,1)를 배치하면 그림 2.8과 같다.

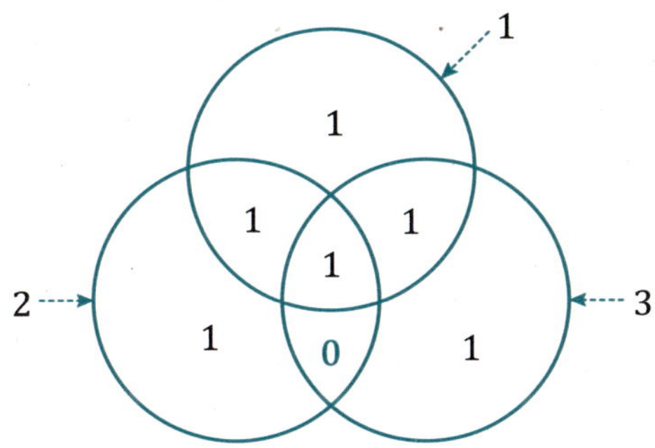

그림 2.8 m_1 비트에 오류가 발생한 경우의 (7,4) 해밍부호 구성

3개 원의 패리티 검사는

원1 패리티 검사결과=0 ➔ $p_0 = m_0 + m_2 + m_3$

원2 패리티 검사결과=1 ➔ $p_1 \neq m_0 + m_1 + m_2$

원3 패리티 검사결과=1 ➔ $p_2 \neq m_1 + m_2 + m_3$

이다. 원2, 원3의 패리티 검사결과가 0이 아니고 1이므로, m_0, m_1, m_2, m_3에 오류가 발생한 것으로 판단된다. 하지만, 원1의 패리티 검사결과가 0이므로 원1에 포함된 m_0,

m_2, m_3에는 오류가 발생하지 않았다고 판단한다. 따라서, m_1에 오류가 발생한 것으로 판단하여, 전송 도중 발생한 오류비트를 정상적으로 정정하게 된다. 이와 같은 방법으로 7비트 중에서 한 개의 비트에 오류가 발생한 경우, 완벽하게 발생 오류를 정정할 수 있다.

이제는 7비트 중에서, m_1, m_3의 2개의 비트에 오류가 발생하였다고 가정하자. 그러면, 수신벡터는

$$\mathbf{r} = (1,1,1,1,0,1,0)$$

가 되며, 이를 그림 2.6에 배치하면 그림 2.9가 된다.

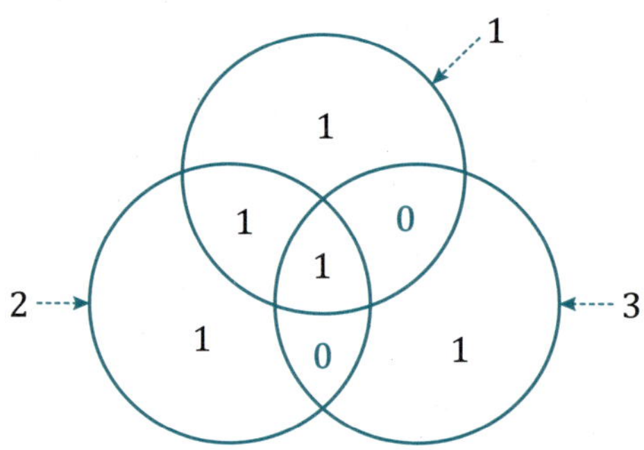

그림 2.9 m_1, m_3 비트에 오류가 발생한 경우의 (7,4) 해밍부호 구성

3개의 패리티검사 결과는

원1 패리티 검사결과=1 ➔ $p_0 \neq m_0 + m_2 + m_3$
원2 패리티 검사결과=1 ➔ $p_1 \neq m_0 + m_1 + m_2$
원3 패리티 검사결과=0 ➔ $p_2 = m_1 + m_2 + m_3$

이 된다. 원1, 원2의 패리티 검사결과가 1이므로, m_0, m_1, m_2, m_3에 오류가 발생한 것으로 판단된다. 하지만, 원3의 패리티 검사결과가 0이므로 원1에 포함된 m_1, m_2, m_3에는 오류가 발생하지 않았다고 판단한다. 따라서, m_0에 오류가 발생했다고 판단하여

$$\hat{\mathbf{c}} = (1,1,1,0,0,1,0)$$

을 송신 부호어로 추정한다. 이와 같이 2비트의 오류가 발생한 경우에는 원래의 송신 부호어 (1111111)가 아닌 그림 2.10과 같이 (1110010)의 다른 부호어로 잘못 복호된다. 즉, 복호오류가 발생하게 된다.

정보 비트	부호어
(0000)	(0000000)
(1000)	(1101000)
(0100)	(0110100)
(1100)	(1011100)
(0010)	**(1110010)**
(1010)	(0011010)
(0110)	(1000110)
(1110)	(0101110)
(0001)	(1010001)
(1001)	(0111001)
(0101)	(1100101)
(1101)	(0001101)
(0011)	(0100011)
(1011)	(1001011)
(0111)	(0010111)
(1111)	**(1111111)**

그림 2.10 (7,4) 해밍부호의 복호오류 발생

이제는 7비트 중에서, m_1, m_2, m_3의 3개의 비트에 오류가 발생한 경우를 고려하자. 그러면 수신벡터는

$$\mathbf{r} = (1,1,1,1,0,0,0)$$

가 된다. 그리고 이 수신벡터를 그림 2.6에 배치하면 그림 2.11이 된다.

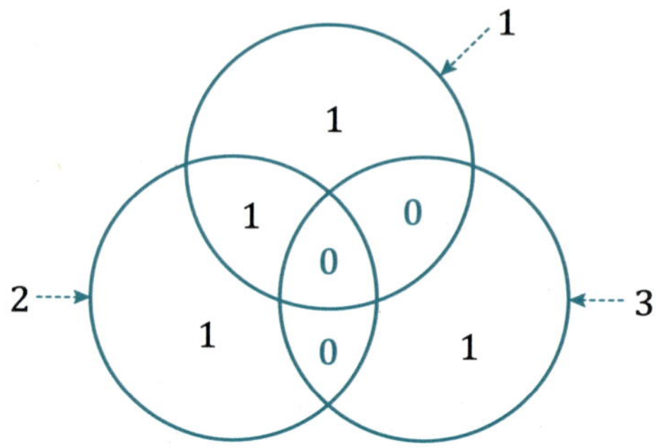

그림 2.11 m_1, m_2, m_3 비트에 오류가 발생한 경우의 (7,4) 해밍부호 구성

패리티 검사결과는 다음과 같다.

원1 패리티 검사결과=0 ➔ $p_0 = m_0 + m_2 + m_3$

원2 패리티 검사결과=0 ➔ $p_1 = m_0 + m_1 + m_2$

원3 패리티 검사결과=1 ➔ $p_2 \neq m_1 + m_2 + m_2$

원1, 원2의 패리티 검사결과가 0이므로, m_1, m_2, m_3에 오류가 발생하지 않은 것으로 판단한다. 하지만, 원3의 패리티 검사결과가 1이므로 원3에 포함된 p_2에 오류가 발생한 것으로 판단하여,

$$\hat{\mathbf{c}} = (1,1,0,1,0,0,0)$$

을 송신 부호어로 추정한다. 이와 같이 3비트의 오류가 발생한 경우에는 원래의 송신 부호어 (1111111)가 아닌 (1101000)의 다른 부호어로 잘못 복호된다.

이와 같이 (7,4) 해밍부호는 부호어 7비트 중에서 1비트의 오류가 발생한 경우만 완벽하게 오류를 정정할 수 있음을 알 수 있다. 그리고 이러한 오류정정능력은 최소거리와 밀접한 관련이 있다.

해밍부호는 최소거리가 $d_{\min} = 3$이고, 다음의 조건을 만족하는 이원부호이다.

$$n = 2^m - 1, \qquad m \geq 3$$
$$k = 2^m - m - 1$$
$$m = n - k$$

여기서 m은 3 이상의 정수이므로, 가능한 해밍부호의 길이는 7, 15, 31,…이 될 것이다. 이에 해당하는 정보 비트의 길이는 4, 11, 26,…이 될 것이다. 패리티 비트의 길이는 m과 동일하다. 그리고 오류정정능력은 1이 된다. 지금까지 살펴본 (7,4) 해밍부호는 $m = 3$, $n = 7$, $k = 4$인 경우이다.

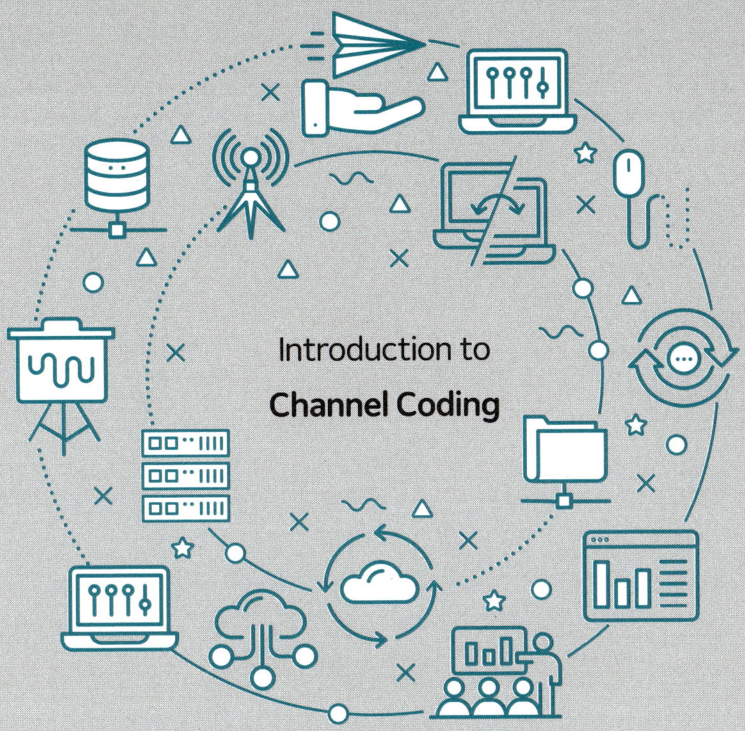

CHAPTER

3

오류검출 및 정정

구 성

3.1 오류검출 및 정정능력

3.2 한계식

3.3 부호이득

3.1 오류검출 및 정정능력

최소거리는 채널코딩에 사용되는 부호의 오류검출 및 정정능력을 결정짓는 중요한 요소이며 다음의 특성을 갖는다 [7]–[8].

특성 3.1 오류검출능력

최소거리가 $d_{\min}$인 부호는 중(weight)이 $d_{\min}-1$보다 같거나 작은 오류벡터의 패턴을 모두 검출할 수 있다. 즉, 오류검출능력은

$$t_d = d_{\min} - 1 \tag{3.1}$$

이다.

특성 3.2 오류정정능력

최소거리가 $d_{\min}$인 부호의 오류정정능력은 다음과 같으며,

$$t_c = \left\lfloor \frac{(d_{\min}-1)}{2} \right\rfloor = \begin{cases} \frac{d_{\min}-1}{2}, d_{\min} = \text{odd} \\ \frac{d_{\min}}{2} - 1, d_{\min} = \text{even} \end{cases} \tag{3.2}$$

t_c보다 같거나 작은 오류벡터의 패턴을 모두 정정할 수 있다. 여기서 t_c는 오류정정능력이다. 그리고, $\lfloor x \rfloor$는 x보다 같거나 작은 최대 정수이다.

식 (3.2)에서 $d_{\min}-2 \le 2t_c \le d_{\min}-1$이므로, 식 (3.3)의 관계가 성립한다.

$$2t_c+1 \le d_{\min} \le 2t_c+2 \tag{3.3}$$

그림 3.1은 선형블록부호의 부호어 사이의 최소거리, 오류검출·정정능력의 관계를 보여주고 있다. 각각의 부호어는 그림 3.1과 같이 반경이 t_c인 복호영역(decoding sphere)을 갖는다. 오류정정능력 t_c보다 같거나 작은 개수의 오류가 발생하여 수신된 부호어는 송신 부호어 복호영역에 들어오게 된다. 따라서 전송 중에 발생한 t_c개 이하의 오류는 정정되어, 원래의 부호어로 정확하게 추정된다. 만약 t_c+1 이상의 오류가 발생하면, 수신 부호어는 다른 송신 부호어의 복호영역에 포함되어 다른 부호어로 추정되는 복호오류가 발생한다.

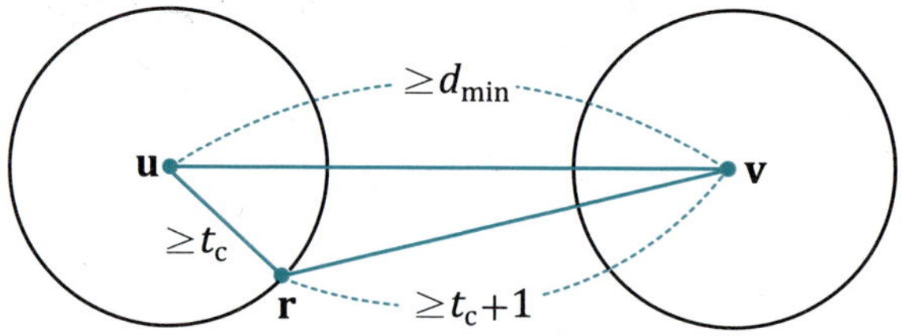

그림 3.1 최소거리와 오류검출·정정능력의 관계

그림 3.1에서 임의의 두 부호어를 **u**, **v**라 하고, 수신벡터를 **r**라 하자. 가능한 오류벡터는 영벡터를 제외하면, 2^n-1가지이다. 발생한 오류비트의 개수가 오류벡터의 해밍중이다. 그리고 송신 부호어 **u**에 오류벡터 **e**가 더해져서 **r**=**u**+**e**이 수신된다고 가정하자. 만약 오류벡터의 해밍중이 d_{min}보다 작으면, 즉 $d_{min}-1$개 이하의 오류가 발생하면, 수신벡터 **r**은 절대로 부호어가 될 수 없으므로, 오류의 발생 여부를 항상 정확히 판단할 수 있다. 하지만 d_{min}개 이상의 오류가 발생하면 그림 3.1에서 알 수 있듯이, 수신벡터는 다른 부호어 **v**가 될 수 있다. 즉, 오류벡터가 영벡터가 아닌 2^k-1개의 부호어와 동일한 패턴을 가질 수 있으며,

$$\mathbf{r} = \mathbf{u} + \mathbf{e} = \mathbf{v} \tag{3.4}$$

이 되어, 송신 부호어 **u**에 오류가 발생한 수신벡터 **r**이 **v**라는 전혀 다른 부호어 형태로 수신된다. 이 경우는 오류검출이 불가능하게 되어 복호오류가 발생한다. 따라서, (n, k) 선형부호는 다음과 같은 특성이 있음을 알 수 있다.

- 가능한 오류벡터 2^n-1개 중에서 2^k-1개의 오류벡터는 2^k-1개의 부호어와 동일하다. 따라서 2^k-1개의 오류패턴은 검출할 수 없다.
- 2^n-2^k개의 모든 오류패턴을 검출할 수 있다.

그림 3.2는 (7,4) 해밍부호의 두 부호어 (000000)과 (1010001)에 대한 복호영역을 설명하고 있다. (7,4) 해밍부호에서 부호어 각각의 복호영역에는 1개의 부호어와 부호어와 해밍거리가 1인 모든 가능한 7개의 여분어(redundant word)가 있다.

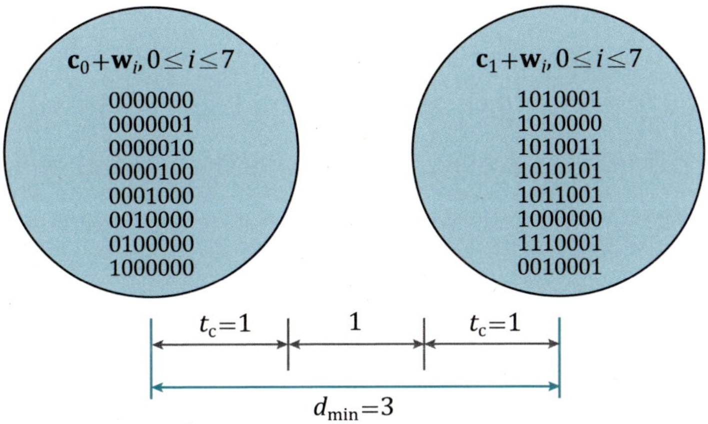

그림 3.2 (7,4) 해밍부호의 복호영역

이러한 방법으로 (7,4) 해밍부호의 $2^4=16$개의 모든 부호어에 대한 복호영역의 벡터를 구하면 $2^4\times2^3=2^7$가 된다. 이 개수는 가능한 모든 7차 벡터임을 알 수 있다. 다음은 채널코딩의 오류정정을 이해하는 데 필요하고 많이 사용되는 완전부호에 대한 정의이다.

정의 3.1 완전부호, 이원부호인 경우

$(n,\ k)$부호 각각의 부호어가 반경이 t_c인 동일한 복호영역을 가지며, 그 영역의 중심에 위치하게 한다. 그리고 각 부호어와 해밍거리가 t_c 이하인 여분어를 그 부호어의 복호영역에 포함시킨다. 이때 모든 가능한 2^n개의 n차 벡터가 중복 없이 2^k개의 복호영역에

배치되고, 복호영역의 외부에는 단 한 개의 벡터도 위치하지 않는다면, 이러한 부호를 완전부호라 한다.

(7,4) 해밍부호는 반경이 t_c=1인 2^4=16개의 복호영역에 모든 가능한 2^7개의 7차 벡터가 중복 없이 배치되고, 복호영역의 외부에는 단 한 개의 벡터도 위치하지 않으므로, 이 부호는 완전부호이다. 완전부호에서 수신벡터는 반드시 한 개의 복호영역에 배치되며 그 복호영역의 중심에 속한 부호어로 복호된다. 따라서 완전부호에서는 복호실패(decoding failure) 없이 반드시 복호를 수행하게 된다. 하지만 부호어가 전송되는 과정에서 오류정정능력 t_c보다 많은 오류가 발생하면 다른 부호어로 복호되는 복호오류(decoding error)가 발생하게 된다. 완전부호는 매우 드물며, 이러한 완전부호의 또 다른 예는 길이가 홀수인 반복부호이다. 다음은 복호영역을 이해하는 데 필요한 해밍구에 대한 정의이다.

정의 3.2 해밍구: Hamming sphere

부호벡터 $\mathbf{c}$에 대하여 반경이 t_c인 해밍구는 $d_H(\mathbf{r},\ \mathbf{c}) \le t_c$인 모든 가능한 수신벡터 $\mathbf{r}$의 집합으로 정의되므로, 다음과 같이 표현된다.

$$S_i^{(t_c)} = \{\mathbf{r} | d_H(\mathbf{r}, \mathbf{c}) \le t_c\}$$

따라서 길이가 n인 q원 심벌에 대한 $S_i^{(t_c)}$의 개수(크기)는 다음과 같다.

$$V_q(n, t_c) = \left|S_i^{(t_c)}\right| = \sum_{j=0}^{t_c} \binom{n}{j} (q-1)^j \tag{3.4}$$

이원부호인 경우는 다음과 같다.

$$V_2(n, t_c) = \left|S_i^{(t_c)}\right| = \sum_{j=0}^{t_c} \binom{n}{j} \tag{3.5}$$

정의 3.3 완전부호: perfect code

$i \neq j$인 경우 $S_i^{(t_c)}$, $S_j^{(t_c)}$가 서로 배타적이고, 집합 $\left\{S_i^{(t_c)}, \forall i\right\}$가 q^n인 모든 벡터공간을 형성한다면, 이 부호는 모든 t_c개의 발생 오류를 정정할 수 있고, $d_{\min} \geq 2t_c+1$이다. 그리고 이러한 부호를 완전부호라 한다.

예제 3.1

길이가 7이고, $q=3$, $t=1$인 경우를 고려하자. 그러면, $q=3$이므로, 부호어의 원소는 3가지(ex:{0,1,2})이다. 따라서 7개의 심벌 중에서 한 개의 심벌에서 오류가 발생하는 경우는 그림 3.3과 같이 2가지가 된다. 왜냐하면 $q-1=2$이기 때문이다.

그림 3.3 $n=7$, $q=3$, $t=1$인 경우 마지막 심벌 오류가 발생한 경우

그리고 이렇게 한 심벌에서 오류가 발생하는 나머지 경우는 그림 3.4와 같다.

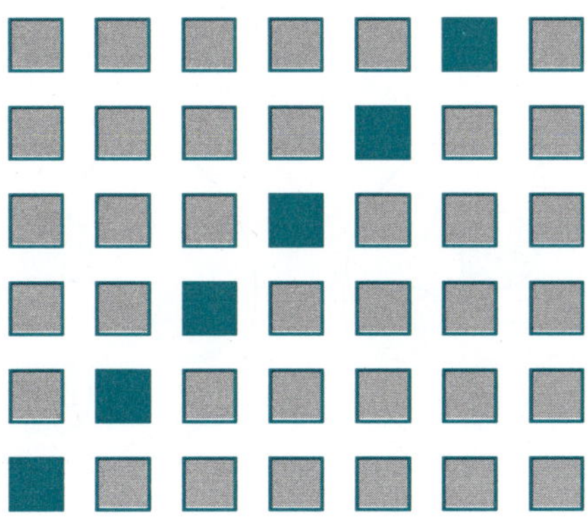

그림 3.4 1-6번 심벌 오류 발생 경우

해밍구의 중심 부호어와 해밍중이 1인 길이가 7인 벡터의 개수는 $\binom{7}{1}2 = 14$이므로,

$$V_3(7,1) = 1 + \binom{7}{1} 2 = 1 + 14 = 15$$

가 된다.

예제 3.2

길이가 15이고, $q=3$, $t=2$인 경우를 고려하자. 15개의 심벌 중에서 두 개의 심벌에서 오류가 발생하는 경우는 $(q-1)\times(q-1)=4$이므로, 4가지가 된다. 해밍구의 중심 부호어와 해밍거리가 2인 길이가 7인 벡터의 개수는 $\binom{15}{2} 2^2 = 420$이므로,

$$V_3(15,2) = 1 + \binom{15}{1} 2 + \binom{15}{2} 2^2 = 1 + 30 + 420 = 451$$

가 된다.

예제 3.3

길이가 3인 이원 반복부호를 고려하자. 가능한 부호어는 모두 2가지이며, 최소거리는 3이다. 오류정정능력은 1이다. 그림 3.5는 이 부호의 해밍구이다.

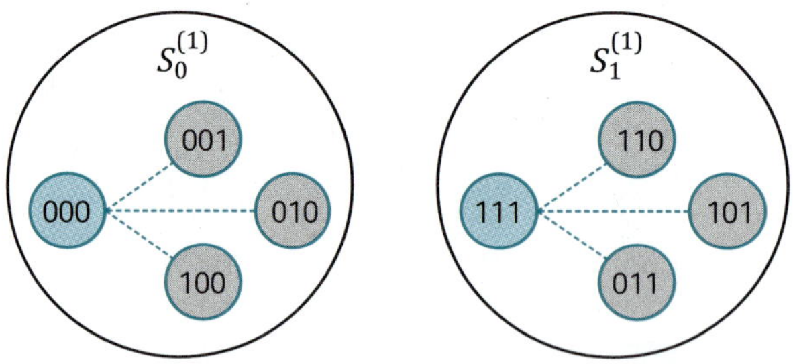

그림 3.5 길이가 3인 반복부호의 해밍구

각각의 해밍구 벡터 개수는 4이고, 두 해밍구의 벡터는 서로 배타적이다. 그리고 두 해밍구를 모두 합하면 개수가 $q^n=2^3=8$인 길이가 3인 전체 벡터 공간을 형성하므로, 이는 완전부호이다.

예제 3.4

홀수의 길이를 갖는 이원 반복부호를 고려하자. 그러면 가능한 부호어의 개수는 모두 0인 부호어와 모두 1인 부호어 두 가지밖에 없다. 그리고 부호의 길이는 홀수이므로, $n=2t_c+1$이다. 여기서, t_c는 오류정정능력이다. 해밍구 정의에 의하여

$$V(n,t_c)=\left|S_i^{(t_c)}\right|=\sum_{j=0}^{t_c}\binom{n}{j}=\binom{n}{0}+\binom{n}{1}+\cdots+\binom{n}{t_c}$$

이 된다. 그리고 $\binom{n}{j}=\binom{n}{n-j}$이고, $n=2t_c+1$이므로

$$\binom{n}{0}=\binom{n}{n}$$
$$\binom{n}{1}=\binom{n}{n-1}$$
$$\vdots$$
$$\binom{n}{t_c}=\binom{n}{t_c+1}$$

이다. 따라서

$$\left|S_0^{(t_c)}\right|+\left|S_1^{(t_c)}\right|=2\times V(n,t_c)=2^n$$

이므로 홀수의 길이를 갖는 이원 반복부호는 완전부호이다.

그림 3.6은 오류정정과 검출을 동시에 수행하는 경우에 최소거리와 오류정정 및 오류검출능력과의 관계를 보여주고 있다.

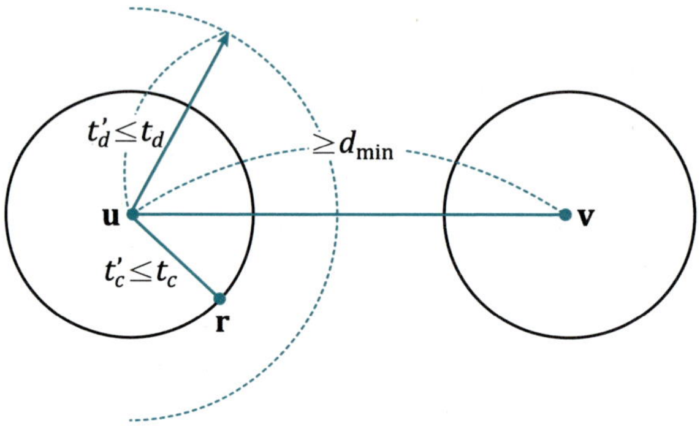

그림 3.6 오류검출능력, 오류정정능력 및 최소거리 사이의 관계

최소거리가 $d_{\min}$인 경우, t'_d개의 오류검출 및 t'_c개의 오류정정을 동시에 수행하고자 하는 경우의 관계식은 다음과 같다.

$$t'_d + t'_c \le d_{\min} - 1 \tag{3.6}$$

$$t'_d + t'_c + 1 \le d_{\min} \tag{3.7}$$

오류정정을 하지 않는 경우는 $t'_c=0$에 해당되고

$$t'_d = t_d = d_{\min} - 1$$

이므로, $d_{\min}-1$개의 발생 오류까지 검출할 수 있게 된다. 만약

$$t_c = \left\lfloor \frac{(d_{\min} - 1)}{2} \right\rfloor$$

개의 발생한 오류까지 정정하고자 한다면, $t'_c = t_c$가 되고 동시에

$$t'_d = d_{\min} - t_c - 1$$

개의 발생 오류를 검출할 수 있다.

예를 들어, (7,4) 해밍부호의 최소거리는 $d_{min}=3$이므로 이 부호는 2개 이하의 오류가 발생한 경우에 오류검출을 할 수 있다. 또는 $t_c=1$이므로 수신 중에 한 개의 오류가 발생한 경우에 오류정정을 할 수 있다. 하지만 동시에 위의 오류검출 및 정정을 수행하지는 못한다. 따라서, 최소거리가 3~5인 경우, 오류검출 및 오류정정능력의 조합을 정리하면 다음과 같다.

- 최소거리가 3인 경우, 가능한 조합
  - 오류검출:1, 오류정정:1
  - 오류검출:2
- 최소거리가 4인 경우, 가능한 조합
  - 오류검출:2, 오류정정:1
  - 오류검출:3
- 최소거리가 5인 경우, 가능한 조합
  - 오류검출:2, 오류정정:2
  - 오류검출:3, 오류정정:1

3.2 한계식

최소거리와 오류정정능력을 사용하여, 채널코딩에서 자주 사용되는 정의 및 한계 식에 대하여 살펴본다 [9]–[12].

정리 3.1 싱글톤 한계식

$(n,\ k)$ 선형블록부호의 최소거리는 다음의 조건을 만족한다.

$$d_{\min} \leq n - k + 1 \tag{3.8}$$

$$r = n - k \geq 2t \tag{3.9}$$

증명 최소거리가 $d_{\min}$인 $(n,\ k)$ 선형블록부호에서, 영벡터가 아니면서 최소중을 갖는 부호어의 해밍중은 $d_{\min}$이다. 1개의 정보 비트만 1이고 나머지는 정보 비트는 모두 영인 경우가 있다. 이 때 $n-k$의 패리티 비트가 모두 1인 경우가 있다면, 이 부호의 중은 그림 3.7과 같이 $(n-k)+1$보다 큰 값을 가질 수 없다.

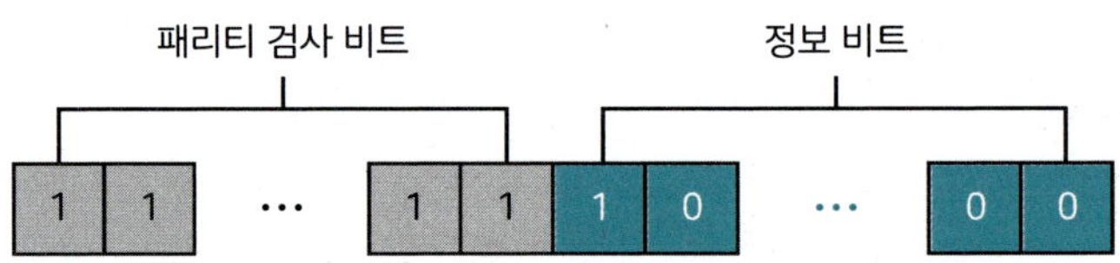

그림 3.7 최소거리가 최대가 될 수 있는 부호어 형태

따라서 $d_{\min}$은 $(n-k)+1$보다 클 수 없다. 그리고, $t = \left\lfloor \frac{d_{\min}-1}{2} \right\rfloor$이므로, $r=n-k \geq 2t$이다. 이와 같이 패리티 검사 비트의 길이는 오류정정능력의 2배 이상이 되어야 한다.

싱글톤(Singleton) 한계식은 q의 크기에 무관하며, 한계식이 엄격하지 않은 특징이 있다. 만약 이러한 싱글톤 한계식을 만족하는 부호가 있다면, 이 부호를 최대거리 부호라 하며, 다음으로 정의한다.

정의 3.4 최대거리 부호: maximum-distance code

최소거리가 다음을 만족하는 채널코딩 부호를 최대거리 부호라 한다.

$$d_{\min} = n - k + 1 \tag{3.10}$$

정리 3.2 해밍 한계식

오류정정능력이 t이고 길이가 n인 q원 블록부호의 패리티 심벌의 개수는

$$r \geq \lceil \log_q V_q(n,t) \rceil \tag{3.11}$$

의 조건을 만족해야 한다.

증명 오류정정능력이 t이기 위해서는 $i \neq j$인 경우 $S_i^{(t)}$, $S_j^{(t)}$는 서로 배타적이어야 한다. $\Sigma_i |S_i^{(t)}| \leq q^n$이므로, $q^k V_q(n,t) \leq q^n$이다. 그리고 $V_q(n,t) \leq q^{n-k}$이므로,

$$r = n - k \geq \log_q V_q(n,t) \tag{3.12}$$

이다. 잉여심벌의 개수 r은 정수이어야 하므로, 식 (3.12)의 한계식이 성립한다.

따름정리 3.1 이원부호의 해밍 한계식

이원부호인 경우,

$$2^k\left(1+\binom{n}{1}+\cdots+\binom{n}{t}\right)\le 2^n,\ \ t=\left\lfloor\frac{d_{\min}-1}{2}\right\rfloor$$

이므로, 해밍 한계식은

$$r=n-k\ge\log_2\left(1+\binom{n}{1}+\cdots+\binom{n}{t}\right) \tag{3.13}$$

이다. 그리고 완전부호는 이러한 해밍 한계식을 등식으로 만족하는 부호이다.

지금까지 고려한 Singleton과 Hamming 한계식의 최대 값보다는 부호의 잉여심벌의 개수는 커야 하며, 이를 수식으로 표현하면 다음과 같다.

$$r\ge\max\{2t,\log_q V_q(n,t)\} \tag{3.14}$$

정리 3.3 길버트 한계식

오류정정능력이 t이고 길이가 n인 q원 부호의 잉여심벌 개수는

$$r\le\left\lceil\log_q V_q(n,2t)\right\rceil \tag{3.15}$$

이다.

증명 어떤 부호어 한 개 $\mathbf{c}_1$을 선택한다. 그리고 다른 부호어 $\mathbf{c}_2$를 집합 $S_1^{(2t)}$를 제외한 $\left(S_1^{(2t)}\right)^C$에서 그림 3.8과 같이 선택한다.

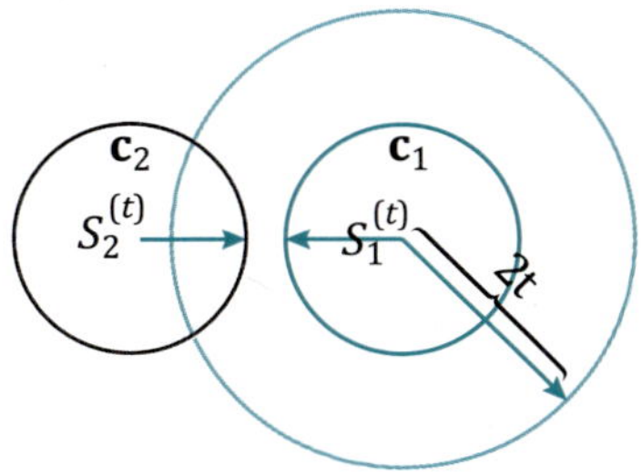

그림 3.8 2개의 해밍구 구성을 위한 2개의 부호어 선택 방법

이러한 방법으로 부호어 $\mathbf{c}_1$, $\mathbf{c}_2$, …, $\mathbf{c}_{j-1}$가 선택되고 나면, $\mathbf{c}_j$는 $\left(\bigcup_{i=1}^{j-1} S_i^{(2t)}\right)^C$에서 선택된다. 이러한 방법으로 그림 3.9와 같이 모든 부호어를 구성하면 부호어에 t개 이하의 오류가 발생하면, 수신벡터는 여전히 송신 부호어와 가장 가까운 곳에 위치하게 되어, 발생 오류를 정정할 수 있다. 이러한 방법으로 부호를 구성할 때, 부호어 개수는

$$\frac{q^n}{V_q(n, 2t)}$$

이다.

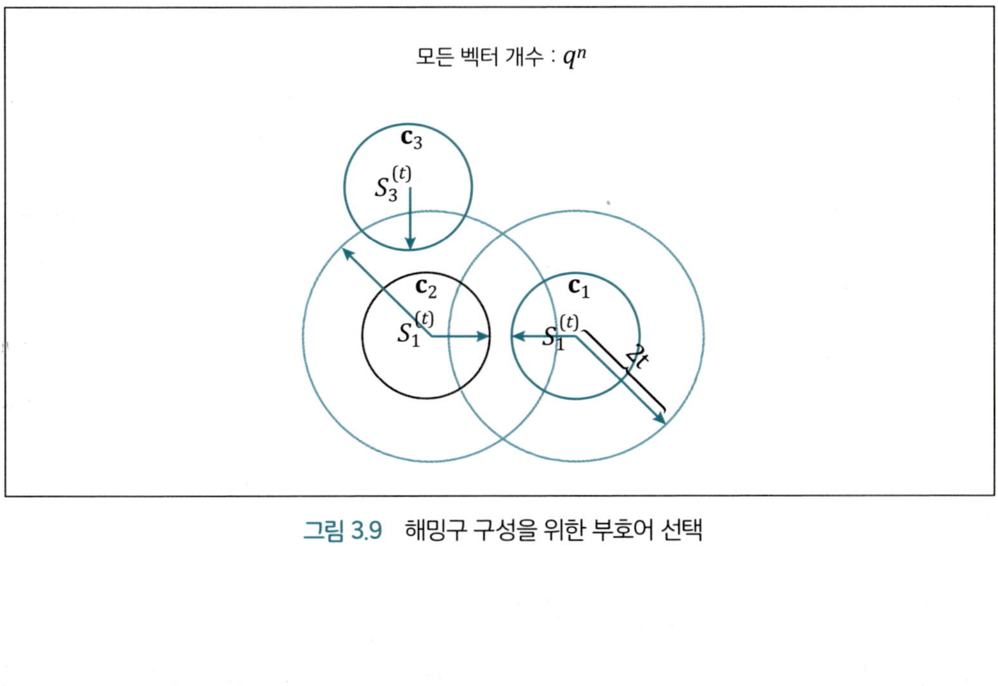

그림 3.9 해밍구 구성을 위한 부호어 선택

그리고 반경이 $2t$인 해밍구는 서로 중첩되므로, q^k와 반경이 $2t$인 해밍구 $S_1^{(2t)}$의 크기의 곱은 모든 가능한 벡터 q^n보다 큰 값을 가지므로,

$$q^k \geq \frac{q^n}{V_q(n, 2t)}$$

이다. 그리고, $q^{n-k} \leq V_q(n,2t)$이므로,

$$r = n - k \leq \log_q V_q(n, 2t)$$

이고, 잉여심벌의 개수는 정수 값이 되어야 함으로,

$$r \leq \lceil \log_q V_q(n, 2t) \rceil$$

이 된다. $\lceil x \rceil$: x와 같거나 큰 최소 정수이다.

3.3 부호이득

E_b는 비트당 에너지이며, 그림 3.10으로 설명된다.

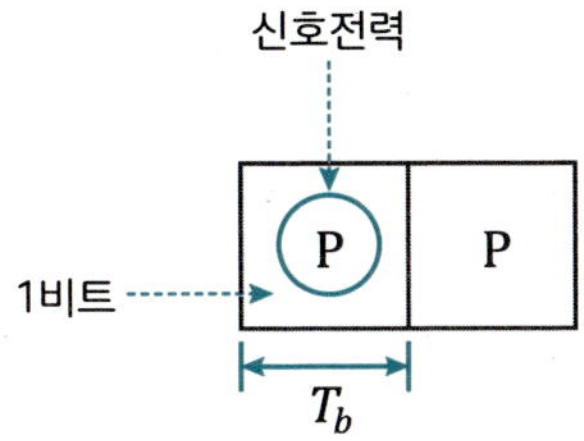

그림 3.10 신호전력과 비트 에너지

전송 신호전력과 한 비트 시간 간격의 곱이 비트당 에너지이며,

$$E_b = P \times T_b$$

이다. 정보를 채널 부호화하여 전송하면 전송 중에 발생한 오류를 정정할 수 있다. 이렇게 부호화하는 과정에서 순수한 정보 비트 수보다 $1/R$배 많은 비트 수가 전송되어야 한다. 여기서, R은 부호율이다. 이렇게 정보 비트를 부호화한 경우는 정보 비트와 구분하기 위하여 부호비트라 부른다. 만약 $R=1/2$인 경우, 그림 3.11과 같이 $E_c=0.5\times E_b$으로 절반으로 작아진다.

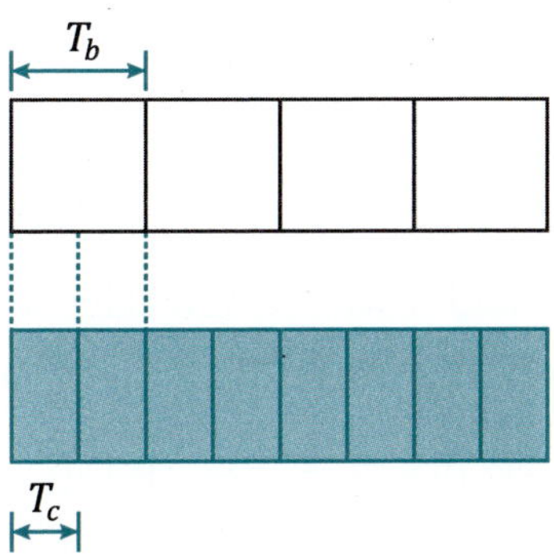

그림 3.11 정보 비트와 부호비트

따라서 부호화 후에 전송되는 부호비트에 오류 발생 확률이 증가하지만 오류정정능력으로 인하여 정보 비트의 오류 발생 확률을 줄일 수 있다. 부호비트가 {0,1}의 이원부호가 아닌 비이원부호(non-binary)이면 이를 부호심벌이라 부른다. 그림 3.12는 한 개의 부호심벌이 2개의 정보 비트로 구성되는 경우를 설명하고 있다.

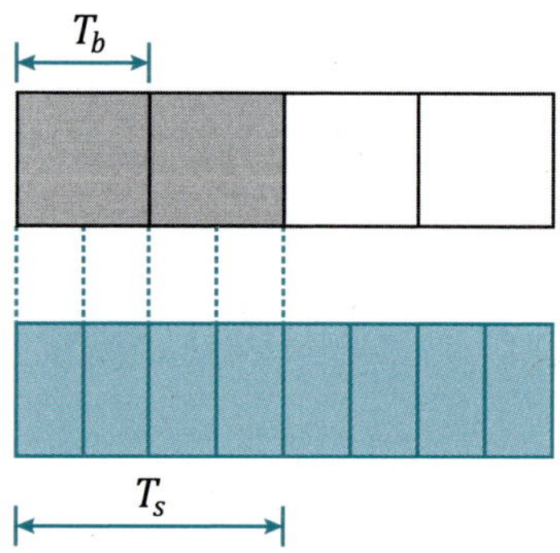

그림 3.12 정보 비트와 부호심벌

하지만 채널 부호화를 통하여 항상 오류를 감소시킬 수 있는 것만은 아니다. 오히려 수신신호의 세기가 너무 작은 경우는 오류가 더 많이 발생하게 된다. 이는 부호비트에 발생된 오류의 개수가 오류정정능력을 초과하는 경우에 해당된다. 다음의 예제를 통하여 이러한 현상을 이해하도록 한다.

예제 3.5

12비트의 정보 비트를 부호율 $R=1/2$로 부호화하여 길이가 24인 부호비트로 만드는 경우를 생각하자. 이때 오류정정능력은 $t_c=2$라 가정한다. 그리고 부호비트를 BFSK (Binary Frequency Shift Keying) 변조하여 전송하는 경우를 생각하자. 그리고 또 다른 한 가지는 부호화를 거치지 않고 정보 비트를 BFSK 변조 전송하는 경우를 가정하자. 그리고 수신단에서는 BFSK 비동기 복조를 한다고 가정한다. 이때 정해진 임의의 E_b/N_0에서 두 가지 경우의 메시지 전송 오류 확률을 계산하여 보자. 정보 비트 에너지

E_b와 부호비트 에너지 E_c 사이에는 $E_c = R \times E_b$의 관계가 성립한다.

- $E_b/N_0 = 18$ (12.55dB)인 경우:
  - 부호화를 거치지 않은 경우:

    정보 비트의 오류 확률은 다음과 같은 BFSK 비동기 복조의 경판정 비트 오류 확률과 동일하다.

$$p_u = \frac{1}{2}\exp\left(-\frac{E_b}{2N_0}\right) = 61.7 \times 10^{-6}$$

그리고 수신 메시지에 오류가 발생하지 않을 확률은 12개의 정보 비트에 오류가 한 개도 발생하지 않을 확률 $(1-p_u)^{12}$이므로, 오류 발생 확률은 다음과 같다.

$$P_M^u = 1 - (1 - p_u)^{12} = 7.4 \times 10^{-4}$$

  - 부호화를 거친 경우:

    $R = 1/2$이므로 $\frac{E_c}{N_0} = R \times \frac{E_b}{N_0} = 9$ 이어서 BFSK 비동기 복조시의 경판정된 부호비트 오류 발생 확률은

$$p_c = \frac{1}{2}\exp\left(-\frac{E_c}{2N_0}\right) = 5.55 \times 10^{-3}$$

이다. 그리고 메지지 전송 시 오류를 정정할 수 있는 확률은 24개의 부호비트 중에서 2개 이하의 부호비트에 오류가 발생할 확률

$$\sum_{t=0}^{2} \binom{24}{t} p_c^t (1 - p_c)^{24-t}$$

이다. 따라서 메시지 전송 오류 발생 확률은

$$P_M^c = 1 - \sum_{t=0}^{2} \binom{24}{t} p_c^t (1-p_c)^{24-t}$$

으로 주어진다. p_c=5.55×10^{-3}의 매우 작은 값이고, 대부분의 메시지 복호오류가 발생하는 경우는 3개의 부호비트에서 오류가 발생하는 경우이므로, 다음과 같이 근사화된다.

$$P_M^c \approx \binom{24}{3} p_c^3 (1-p_c)^{21} = 3 \times 10^{-4}$$

따라서 E_b/N_0=18인 경우, 채널 부호화를 통하여 대략 2.47배의 성능 향상이 있음을 알 수 있다.

- E_b/N_0=8 (9dB)인 경우:
  - 부호화를 거치지 않은 경우:
    정보 비트의 오류 확률은 BFSK 비동기 복조의 경판정 비트 오류 발생 확률과 동일하다.

$$p_u = \frac{1}{2}\exp\left(-\frac{E_b}{2N_0}\right) = 0.067$$

그리고 메시지 전송 시 오류 발생 확률은 다음과 같다.

$$P_M^u = 1 - (1-p_u)^{12} = 0.1045$$

  - 부호화를 거친 경우:

$$\frac{E_c}{N_0} = R \times \frac{E_b}{N_0} = 4$$

이어서 BFSK 비동기 복조 시의 경판정된 부호비트 오류 발생 확률은

$$p_c = \frac{1}{2}\exp\left(-\frac{E_c}{2N_0}\right) = 0.0677$$

이며, 메시지 전송 오류 발생 확률은

$$P_M^c \approx \binom{24}{3} p_c^3 (1-p_c)^{21} = 0.144$$

이어서 $E_b/N_0=8$ (9dB)인 경우에는 채널부호를 하는 경우가 안 하는 경우보다 38%의 성능 손실이 발생하게 된다.

예제 3.6

(15,11) 해밍부호를 사용하는 경우를 고려하자. 이때 부호율은 $R=11/15$이고, 오류정정능력은 $t_c=1$가 된다. 부호비트를 BFSK(Binary Frequency Shift Keying) 변조하여 전송하는 경우를 생각하자. 그리고 또 다른 한 가지는 부호화를 거치지 않고 정보 비트를 BFSK 변조 전송하는 경우를 가정하자. 수신단에서는 BFSK 비동기 복조를 하게 된다. 이때 임의의 다른 두 가지의 E_b/N_0에서 정보 비트 오류 확률을 계산하자.

- $E_b/N_0=18$ (12.55dB)인 경우:
  - 부호화를 거치지 않은 경우:
    정보 비트의 오류 확률은 BFSK 비동기 복조의 경판정 비트 오류 발생 확률과 동일한다.

$$p_u = \frac{1}{2}\exp\left(-\frac{E_b}{2N_0}\right) = 61.7 \times 10^{-6}$$

- 부호화를 거친 경우:

  R=11/15이므로 $\frac{E_c}{N_0} = R \times \frac{E_b}{N_0} = 13.2$이어서 BFSK 비동기 복조 시의 경판정된 부호비트 오류 발생 확률은 다음과 같다.

$$p_c = \frac{1}{2}\exp\left(-\frac{E_c}{2N_0}\right) = 6.8 \times 10^{-4}$$

  수신된 15비트의 부호어에 2개 이상의 부호비트에 오류가 발생할 확률은

$$15 \times p_c \times (1-(1-p_c)^{14})$$

  이며, 비트 오류 발생 확률은 다음 식으로 근사화된다.

$$\begin{aligned} P_B^c &\approx 15 \times p_c \times (1-(1-p_c)^{14}) \times \frac{3}{15} \\ &= 3 \times p_c \times (1-(1-p_c)^{14}) \\ &= 19.3 \times 10^{-6} \end{aligned}$$

  따라서 $\frac{E_b}{N_0} = 18$ (12.55dB)인 경우 부호화를 통하여 대략 3.2배의 비트 오류 발생 감소 효과가 발생함을 알 수 있다.

- E_b/N_0=4 (6dB)인 경우:
  - 부호화를 거치지 않은 경우:

    정보 비트의 오류 발생 확률은 다음과 같다.

$$p_u = \frac{1}{2}\exp\left(-\frac{E_b}{2N_0}\right) = 2.66 \times 10^{-2}$$

  - 부호화를 거친 경우:

    R=11/15이므로 $\frac{E_c}{N_0} = R \times \frac{E_b}{N_0} = 2.93$이어서 BFSK 비동기 복조 시의 경판정된 부호비트 오류 발생 확률은 다음과 같다.

$$p_c = \frac{1}{2}\exp\left(-\frac{E_c}{2N_0}\right) = 0.115$$

그리고 이 경우 복호비트 오류 발생 확률은 다음 식으로 근사화된다.

$$P_B^c \approx 3 \times p_c \times (1-(1-p_c)^{14}) = 28 \times 10^{-2}$$

따라서 $\frac{E_b}{N_0} = 4$ (6dB)인 경우 부호화를 하면 오히려 비트 오류 성능이 10.5배 정도 열화됨을 알 수 있다.

이과 같이 채널 부호화를 통하여 성능 향상을 가져오기 위하여서는 적정한 E_b/N_0가 유지되어야 함을 알 수 있다.

비트 오류율(BER: Bit Error Rate)은 정보 비트를 전송하여 발생되는 오류 발생 확률이다. 그리고 정해진 BER을 만족하기 위하여 요구되는 E_b/N_0이 있을 것이다. 채널 부호를 하지 않고 정보 비트를 전송할 때 요구되는 E_b/N_0를 $\left(\frac{E_b}{N_0}\right)_U$라 하고, 채널 부호를 거쳐서 정보 비트를 전송하는 경우의 E_b/N_0를 $\left(\frac{E_b}{N_0}\right)_C$라 하면 부호이득은 다음 식으로 정의된다.

$$G = \left(\frac{E_b}{N_0}\right)_U - \left(\frac{E_b}{N_0}\right)_C \text{ [dB]}$$

그림 3.13은 BER=10^{-5}를 만족하기 위하여 요구되는 부호화 및 비부호화에서의 E_b/N_0 차이인 부호이득을 나타내고 있다. 주어진 BER를 만족하기 위하여 요구되는 E_b/N_0 값의 범위를 동작영역이라 한다.

만약 부호 이득이 3dB이면, 이는 절반의 전력으로 정보를 송수신하여도 동일한 BER 성능을 얻을 수 있음을 의미한다. 만약 3dB의 부호이득이 있다면, 스마트폰의 사용시간을 배로 늘리 수 있게 된다. 이와 같은 이유로 거의 모든 디지털 정보 송수신 시스템 및 정보 저장장치에서는 채널코딩 기법을 사용하고 있다.

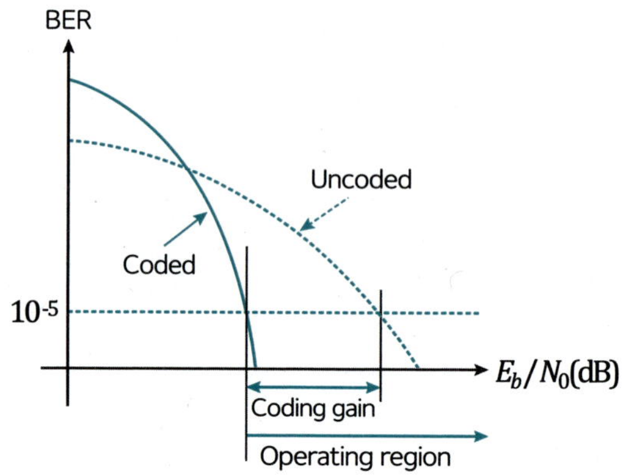

그림 3.13 부호이득 및 동작영역

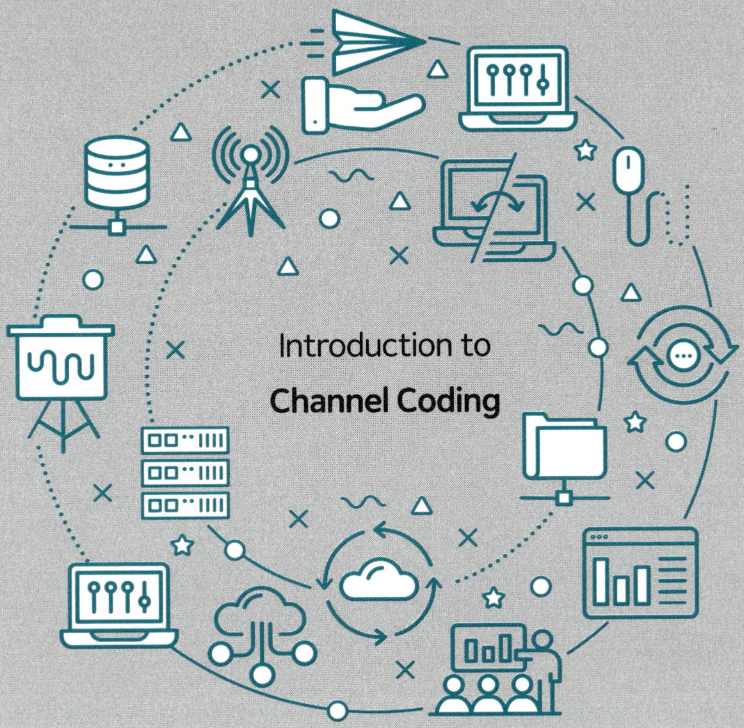

CHAPTER

4

생성행렬 및 패리티 검사행렬

구 성

4.1 생성행렬

4.2 표준배열

4.3 패리티 검사행렬

4.4 신드롬복호

4.5 선형블록부호의 변형

4.1 생성행렬

(7,4) 해밍부호는 4비트의 정보 비트를 사용하여 $p_0=m_0+m_2+m_3$, $p_1=m_0+m_1+m_2$, $p_2=m_1+m_2+m_3$와 같은 식으로, 짝수 검사 3비트를 추가하여 길이가 7인 부호어 $\mathbf{c}=(p_0, p_1, p_2, m_0, m_1, m_2, m_3)$를 생성한다. 만약 다음의 행렬을

$$\mathbf{G} = \begin{bmatrix} \mathbf{g_0} \\ \mathbf{g_1} \\ \mathbf{g_2} \\ \mathbf{g_3} \end{bmatrix} = \begin{bmatrix} 1101000 \\ 0110100 \\ 1110010 \\ 1010001 \end{bmatrix} \tag{4.1}$$

정보벡터 $\mathbf{m}=(m_0, m_1, m_2, m_3)$와 다음의 행렬곱을 수행하면 동일한 부호어를 생성할 수 있다.

$$\mathbf{c} = \mathbf{m} \times \mathbf{G} = \mathrm{m_0}\mathbf{g_0} + \mathrm{m_1}\mathbf{g_0} + \mathrm{m_2}\mathbf{g_2} + \mathrm{m_3}\mathbf{g_3}$$

이와 같이 부호어를 생성하는 k개의 행과 n개의 열을 갖는 $k \times n$ 행렬 $\mathbf{G}$를 (n, k) 선형 블록부호의 생성행렬(Generator matrix)이라 한다.

예를 들어 $\mathbf{m}=(1100)$인 경우 부호어는

$$\mathbf{c} = \mathbf{g_0} + \mathbf{g_1} = (1101000) + (0110100) = (1011100)$$

가 된다. 그리고 $\mathbf{m}=(1100)$인 경우 부호어는

$$\mathbf{c} = \mathbf{g_2} + \mathbf{g_3} = (1110010) + (1010001) = (0100011)$$

가 된다. 이러한 방법으로 모든 부호어를 생성할 수 있다.

예제 4.1

(6,3) 선형부호를 생성하기 위한 생성행렬이 다음과 같은 경우,

$$\mathbf{G} = \begin{bmatrix} 011100 \\ 101010 \\ 110001 \end{bmatrix}$$

$2^3=8$개의 모든 정보벡터에 대한 부호어는 다음과 같다.

표 4.1 (6,3) 선형부호의 부호어

정보어	부호어
000	000000
100	011100
010	101010
110	110110
001	110001
101	101101
011	011011
111	000111

정보 비트와 패리티 비트가 분리된 $\mathbf{c}=(p_0, p_1, p_2, m_0, m_1, m_2, m_3)$의 부호어를 조직부호어(systematic codeword)라 부른다.

생성행렬이 다음과 같은 조직형태로 표현되었기 때문이다.

$$\mathbf{G} = \begin{bmatrix} 011100 \\ 101010 \\ 110001 \end{bmatrix} = [\mathbf{P}|\mathbf{I}_3]$$

여기서 $\mathbf{I}_3$는 3×3 단위행렬(identity matrix)이며, $\mathbf{P}$는 3×3 패리티행렬(parity matrix)

$$\mathbf{P} = \begin{bmatrix} 011 \\ 101 \\ 110 \end{bmatrix}$$

이다.

일반적으로 표현하면, 정보어가 k비트이고 부호어가 n비트인 경우 패리티 비트는 $n-k$비트가 된다. 그리고 조직부호를 생성하기 위하여 사용되는 생성행렬을 조직형태로 표현하면

$$\mathbf{G} = [\mathbf{P}|\mathbf{I}_k] \tag{4.2}$$

이다. 여기서 $\mathbf{I}_k$는 $k \times k$ 단위행렬이고 $\mathbf{P}$은 $k \times (n-k)$ 패리티행렬이다.

만약 선형블록부호 C의 생성행렬 $\mathbf{G}$에서 임의의 두 열의 위치만 바꾼다고 가정하자. 즉, 열순열(column permutation)을 수행한 행렬을 $\mathbf{G}''$라 하자. 그리고 이 생성행렬 $\mathbf{G}''$에 의하여 발생된 부호를 C''라 하면, 이 부호어는 원래 부호어의 비트 위치만 바꾸는 것이며, 원래 부호 특성은 그대로 유지하고 있다. 그리고 선형블록부호의 생성행렬 $\mathbf{G}$에 기초적행연산(elementary row operations)을 수행하여 구해진 생성행렬을 $\mathbf{G}'$라 하자. 그리고 이 생성행렬 $\mathbf{G}'$에 의하여 발생된 부호를 C'라 하자. 그러면 이 생성행렬에 의하여 구해진 부호어의 집합은 원래 부호어의 집합과 완전히 동일하다. 왜냐하면 기초적 행연산은 어떤 행렬의 행을 다른 행과 더하는 것인데, 이는 결과적으로, 두 부호어를 더하는 것과 같은 결과를 가져온다. 따라서 다음과 같은 결론을 얻을 수 있다. 생성행렬 $\mathbf{G}$에 의하여 생성된 선형블록부호 C가 있다고 하자. 그리고 이 생성행렬에

- 열순열(column permutation)
- 기초적행연산(elementary row operation)

을 수행한 행렬을 이용하여 생성된 선형블록부호는 원래의 선형블록부호와 결과적으로 동일한 특성을 갖는다.

예제 4.2

(5,3) 선형부호가 다음의 비조직형태의 생성행렬을 가질 때

$$\mathbf{G} = \begin{bmatrix} 11100 \\ 10110 \\ 10011 \end{bmatrix}$$

이 행렬의 첫 번째 행과 두 번째 행을 더한 결과를 두 번째 행으로 치환하면

$$\mathbf{G}'' = \begin{bmatrix} 11100 \\ 01010 \\ 10011 \end{bmatrix}$$

이 된다. 그리고 두 번째 행과 세 번째 행을 더한 결과를 세 번째 행으로 치환하면 다음과 같은 조직행태의 생성행렬이 된다.

$$\mathbf{G}' = \begin{bmatrix} 11100 \\ 01010 \\ 11001 \end{bmatrix}$$

다음은 이러한 조직 및 비조직형태의 생성행렬로 구해진 각각의 조직 및 비조직부호어를 나타낸다.

표 4.2 (5,3) 선형부호에 대한 조직 및 비조직부호어

정보어	비조직부호어	조직부호어
000	00000	00000
100	11100	11100
010	10110	01010
110	01010	10110
001	10011	11001
101	01111	00101
011	00101	10011
111	11001	01111

정보어와 부호어와의 매핑 관계에만 차이가 있을 뿐 조직부호어와 비조직부호어의 집합은 동일함을 확인할 수 있다.

4.2 표준배열

선형부호의 복호화는 표준배열(standard array)을 이용하여 쉽게 구현할 수 있으며, (n, k) 선형부호의 표준배열은 다음 그림과 같다 [5]–[7].

$\mathbf{c}_0$	$\mathbf{c}_1$	$\mathbf{c}_2$	$\cdots$	$\mathbf{c}_{2^k-1}$
$\mathbf{w}_1$	$\mathbf{c}_1+\mathbf{w}_1$	$\mathbf{c}_2+\mathbf{w}_1$	$\cdots$	$\mathbf{c}_{2^k-1}+\mathbf{w}_1$
$\mathbf{w}_2$	$\mathbf{c}_1+\mathbf{w}_2$	$\mathbf{c}_2+\mathbf{w}_2$	$\cdots$	$\mathbf{c}_{2^k-1}+\mathbf{w}_2$
$\vdots$	$\vdots$	$\vdots$	$\cdots$	$\vdots$
$\mathbf{w}_{2^{k-n}-1}$	$\mathbf{c}_1+\mathbf{w}_{2^{k-n}-1}$	$\mathbf{c}_2+\mathbf{w}_{2^{k-n}-1}$	$\cdots$	$\mathbf{c}_{2^k-1}+\mathbf{w}_{2^{k-n}-1}$

코세트

코세트 리더

그림 4.1 표준배열의 구성방법

표준배열의 구성은 다음의 6단계로 구현된다.

- 1단계: 첫 번째 행을 영 부호어 $\mathbf{c}_0$로 시작하여, 2^k 부호어로 채움
- 2단계: 2^k의 부호어를 제외하고, 해밍중이 가장 작은 여분어 $\mathbf{w}_1$를 영벡터 $\mathbf{c}_0$가 있는 열의 아래에 배치
- 3단계: $\mathbf{w}_1$이 배치된 행은 각 열의 맨처음에 배치된 부호어와 더하여 채움
- 4단계: 첫 번째, 두 번째 행에 배치되고 남은 여분어 중에서 해밍중이 가장 작은 $\mathbf{w}_2$를 선택하여 $\mathbf{w}_1$이 있는 열의 아래에 배치
- 5단계: $\mathbf{w}_2$이 배치된 행은 각 열의 맨 처음에 위치한 부호어와 더하여 채움
- 6단계: 이러한 방법으로 모든 가능한 2^n개의 n차원 벡터가 배열에 채워질 때까지 반복

완성된 배열은 2^{n-k}개의 행과 2^k개의 열을 가지므로 총 $2^{n-k}\times 2^k=2^n$개의 n차원 벡터를 갖는다. 그리고 각각의 벡터는 단 한번 표준배열에 사용된다. 표준배열의 각 행을 코세트(coset)라 하며, 각 코세트의 첫 번째 벡터를 코세트리더(coset leader)라 부른다. 만약 (n, k) 선형블록부호의 오류정정능력이 t_c라 하면 각 코세트리더는 해밍중이 t_c 이하이다. 즉, 코세트리더가 정정가능한 오류벡터인 것이다. 따라서 코세트와 코레트리더를 다음과 같이 정리할 수 있다.

- 코세트(coset): 표준배열의 각 행
- 코세트리더(coset leader): 각 코세트의 첫 번째 벡터이며, 정정 가능한 오류벡터

예제 4.3

(6,3) 선형부호에 대한 생성행렬이 아래와 같다고 하자.

$$\mathbf{G}=\begin{bmatrix}011100\\101010\\110001\end{bmatrix}$$

먼저 $2^3=8$의 가능한 모든 부호어를 표준배열의 첫 번째 행으로 다음과 같이 배치한다.

표 4.3 (6,3) 선형부호에 대한 표준배열

000000	110001	101010	011011	011100	101101	110110	000111
000001	110000	101011	011010	011101	101100	110111	000110
000010	110011	101000	011001	011110	101111	110100	000101
000100	110101	101110	011111	011000	101001	110010	000011
001000	111001	100010	010011	010100	100101	111110	001111
010000	100001	111010	001011	001100	111101	100110	010111
100000	010001	001010	111011	111100	001101	010110	100111
100100	010101	001110	111111	111000	001001	010010	100011

그리고 두 번째 행을 해밍중이 1인 (000001) 벡터를 코세트리더로 하여 첫 번째 행의 부호어와 더하여 구성한다. 이러한 방법으로 코세트리더를 해밍중이 1인 벡터 (000010), (000100), (001000), (010000), (100000)를 이용하여 동일한 방법으로 차례로 행을 채운다. 이러한 해밍중이 1인 6개의 코세트리더는 오류정정이 가능한 오류벡터가 된다. 그리고 맨 마지막 행의 코세트리더는 지금까지 사용되지 않은 해밍중이 2인 임의의 벡터를 사용하면 된다. 여기서는 예시로 (100100)를 코세트리더로 사용하여 마지막 행의 코세트를 구성하였다.

만약 송신 부호어가 $\mathbf{c}_i$이고 오류벡터가 정정 가능한 오류패턴인 코세트리더

$$\mathbf{e} = \mathbf{w}_2$$

라 하자. 그러면, 수신벡터는 그림 4.1와 같이 $\mathbf{c}_i$와 동일한 열의

$$\begin{aligned} \mathbf{r} &= \mathbf{c}_i + \mathbf{e} \\ &= \mathbf{c}_i + \mathbf{w}_2 \end{aligned}$$

가 된다. 따라서 수신기에서는 $\mathbf{r}$가 위치한 열의 첫번째 행의 $\mathbf{c}_i$를 송신 부호어로 추정한다. 하지만, 발생 오류패턴이 코세트리더가 아닌 다른 벡터인

$$\mathbf{e} = \mathbf{c}_j + \mathbf{w}_l$$

이면, 수신벡터는

$$\begin{aligned} \mathbf{r} &= \mathbf{c}_i + \mathbf{e} \\ &= \mathbf{c}_i + \mathbf{c}_j + \mathbf{w}_l \\ &= \mathbf{c}_k + \mathbf{w}_l \end{aligned}$$

가 된다. 따라서 $\mathbf{c}_k$로 잘못 추정하게 된다. 즉, 표준배열을 이용한 복호법은 오류패턴이 코세트리더인 경우, 오류를 정정하는 기법이다.

예제 4.4

(6,3) 선형부호의 표준배열을 이용한 오류정정을 고려하자.

① 송신 부호어에 한 개의 오류가 발생하여 수신 부호어가 **r**=(001101)인 경우, 수신벡터는 부호어 (101101)가 있는 열에 있으면서 코세트리더가 (100000)인 코세트에 속한다. 그리고, 오류벡터는 코세트리더 (100000)이므로 (101101)로 정상 복호된다.

② **c**=(110001)이 전송되고, 두 개의 오류가 발생하여 오류벡터가 **e**=(100100)인 경우 수신벡터는 **r**=(010101)이다. 이 벡터는 표준배열의 **c**=(110001)가 있는 열에 있으면서, 코세트리더가 **w**=**e**=(100100)인 행에 속한다. 따라서 정상적으로 $\hat{\mathbf{c}}=\mathbf{c}$로 복호된다. 이렇게 오류정정능력을 넘어선 오류가 발생한 경우라도 오류벡터가 우연히 코세트리더와 동일하면, 오류정정이 정상적으로 이루어질 수 있다. 하지만 발생 오류의 개수가 오류정정능력 이하가 되어야 완전한 오류정정이 보장된다.

③ **c**=(000000)이 전송되고, 3개의 오류가 발생하여, **r**=(000111)인 경우를 가정하자. 수신벡터는 공교롭게도 표준배열의 첫 번째 행에 속한 부호어 **c**=(000111)와 동일하여 오류가 발생하지 않은 것으로 판단한다. 이는 발생 오류의 개수가 최소거리와 동일하여, 수신벡터가 다른 부호어로 인식되는 경우이다.

이렇게 표준배열의 코세트리더를 코세트 내의 가장 작은 해밍중을 갖는 벡터로 선택하여 복호화하는 것을 최소거리 복호법(minimum distance decoding)이라 한다. 왜냐하면 이는 수신 부호어와 해밍거리가 가장 작은 부호어로 복호하기 때문이다.

4.3 패리티 검사행렬

조직형태의 선형블록부호의 생성행렬은 $\mathbf{G}=[\mathbf{P}|\mathbf{I}_k]$로 표현되며, 정보벡터 $\mathbf{b}$에 대한 부호벡터는

$$\begin{aligned}\mathbf{c} &= \mathbf{b}\times\mathbf{G}\\ &= [\mathbf{p} \quad \mathbf{b}]\end{aligned}$$

이다. 여기서 $\mathbf{p}=\mathbf{b}\times\mathbf{P}$는 길이가 $n-k$인 패리티 검사 비트이다. 이원부호인 경우

$$\begin{aligned}\mathbf{p}+\mathbf{p} &= \mathbf{p}+\mathbf{b}\times\mathbf{P}\\ &= \mathbf{0}\end{aligned}$$

이므로, 이를 식으로 표현하면 다음과 같다.

$$[\mathbf{p} \quad \mathbf{b}]\times\begin{bmatrix}\mathbf{I}_{n-k}\\ \mathbf{P}\end{bmatrix}=\mathbf{0}$$

여기서

- $\mathbf{I}_{n\text{-}k}$: $(n-k)\times(n-k)$ 단위행렬
- $\mathbf{P}$: $k\times(n-k)$ 패리티행렬

이다. 이제 패리티 검사행렬을 다음과 같이 정의한다.

$$\mathbf{H}=[\mathbf{I}_{n-k}|\mathbf{P}^{\mathrm{T}}] \tag{4.3}$$

그러면, 다음과 같은 관계식이 성립한다.

$$\mathbf{c}\times\mathbf{H}^{\mathrm{T}}=\mathbf{0} \tag{4.4}$$

따라서 선형블록부호에서는 패리티 검사행렬을 알면 생성행렬을 알 수 있고, 그 역도

성립한다. 만약 부호어 $\mathbf{c}$ 전송 도중에 오류 $\mathbf{e}$가 발생하여 수신벡터가 $\mathbf{r}=\mathbf{c}+\mathbf{e}$ 경우, 수신벡터와 패리티 검사행렬의 전치 행렬을 곱하면,

$$\mathbf{r} \times \mathbf{H}^{\mathrm{T}} = \mathbf{c} \times \mathbf{H}^{\mathrm{T}} + \mathbf{e} \times \mathbf{H}^{\mathrm{T}} = \mathbf{e} \times \mathbf{H}^{\mathrm{T}} = \mathbf{s} \tag{4.5}$$

이 된다. 이를 다시 정리하면 다음과 같다.

$$\mathbf{r} \times \mathbf{H}^{\mathrm{T}} = \begin{cases} \mathbf{0}, & \mathbf{r} = \mathbf{c} \\ \mathbf{s}, & \mathbf{r} \neq \mathbf{c} \end{cases} \tag{4.6}$$

따라서 오류 발생 여부를 알려주는 값 $\mathbf{s}$를 오류신드롬(error syndrome)이라 부른다. 그리고 생성행렬의 각 행은 부호어이므로 다음과 같은 생성행렬과 패리티 검사행렬과의 관계도 성립한다.

$$\mathbf{G} \times \mathbf{H}^{\mathrm{T}} = \mathbf{0} \tag{4.7}$$

예제 4.5

(7,4) 해밍부호의 생성행렬은 다음과 같다.

$$\mathbf{G} = [\mathbf{P}|\mathbf{I}_4] = \begin{bmatrix} 1101000 \\ 0110100 \\ 1110010 \\ 1010001 \end{bmatrix}$$

여기서, 패리티행렬은

$$\mathbf{P} = \begin{bmatrix} 110 \\ 011 \\ 111 \\ 101 \end{bmatrix}$$

이므로 패리티 검사행렬은

$$\mathbf{H}=[\mathbf{I}_3|\mathbf{P}^{\mathrm{T}}]=\begin{bmatrix}1001011\\0101110\\0010111\end{bmatrix}$$

이 되며, **G**와 **H**의 모든 행벡터는 서로 직교하므로, $\mathbf{G}\times\mathbf{H}^{\mathrm{T}}=\mathbf{0}$임을 확인할 수 있다. 또한 패리티 검사행렬을 이용하여 역으로 생성행렬을 구할 수도 있다. (7,4) 해밍부호의 패리티 검사행렬의 각 열은 (000)을 제외한 모든 3차원벡터 (001), (010), (011), ⋯ , (111)로 구성되며, 조직적 형태로 표현하기 위하여 (100), (010), (001)을 가장 왼쪽에 배치한 것이다. 위의 (7,4) 선형부호의 생성행렬로 발생된 부호어 $\mathbf{c}=(0101110)$와 패리티 검사행렬의 곱으로 오류신드롬을 계산하면 $\mathbf{c}\times\mathbf{H}^{\mathrm{T}}=\mathbf{0}$가 된다. 만약 전송 중 오류가 발생하여 $\mathbf{r}=(1101110)$이 수신되면 오류신드롬은 $\mathbf{s}=\mathbf{r}\times\mathbf{H}^{\mathrm{T}}=\mathbf{e}\times\mathbf{H}^{\mathrm{T}}=(100)$이 된다.

패리티 검사행렬만으로도, 효과적으로 선형블록부호의 최소거리를 계산할 수 있는 방법이 있다. 다음 예제를 사용하여 최소거리 계산법을 알아본다.

예제 4.6

패리티 검사행렬을 통하여 선형블록부호의 최소거리를 구할 수 있다. 예를 들어, (7,4) 해밍블록부호의 패리티 검사행렬은 다음과 같다.

$$\mathbf{H}=\begin{bmatrix}1&0&0&1&0&1&1\\0&1&0&1&1&1&0\\0&0&1&0&1&1&1\end{bmatrix}$$
$$=[\mathbf{h}_0\mathbf{h}_1\mathbf{h}_2\mathbf{h}_3\mathbf{h}_4\mathbf{h}_5\mathbf{h}_6]$$

여기서,

$$\mathbf{h}_0=\begin{bmatrix}1\\0\\0\end{bmatrix},\ \mathbf{h}_1=\begin{bmatrix}0\\1\\0\end{bmatrix},\ \mathbf{h}_2=\begin{bmatrix}0\\0\\1\end{bmatrix},\ \mathbf{h}_3=\begin{bmatrix}1\\1\\0\end{bmatrix},\ \mathbf{h}_4=\begin{bmatrix}0\\1\\1\end{bmatrix},\ \mathbf{h}_5=\begin{bmatrix}1\\1\\1\end{bmatrix},\ \mathbf{h}_6=\begin{bmatrix}1\\0\\1\end{bmatrix}$$

이다.

먼저 7개의 열벡터 중에서 임의의 두 벡터를 더하면 영벡터가 되는 경우가 있는지 검사한다. 이 경우는 어떤 조합을 취하더라도 영벡터가 되는 경우는 없다. 즉, 해밍중이 2인 부호어가 없다는 것을 의미한다. 만약 해밍중이 2인 부호어 $\mathbf{c}$=(0100001)이 있다면, $\mathbf{c} \times \mathbf{H}^{\mathrm{T}} = \mathbf{0}$이 되어야 하지만, 실제는

$$\begin{aligned}\mathbf{c} \times \mathbf{H}^{\mathrm{T}} &= \mathbf{h}_1 + \mathbf{h}_6 \\ &= \begin{bmatrix}0\\1\\0\end{bmatrix} + \begin{bmatrix}1\\0\\1\end{bmatrix} \\ &= \begin{bmatrix}1\\1\\1\end{bmatrix} \\ &\neq \mathbf{0}\end{aligned}$$

이므로 해밍중이 2인 부호어는 없다는 것이 된다.

이제는 7개의 열벡터 중에서 임의의 세 벡터를 더하면 영벡터가 되는 경우가 있는지 검사한다. 그러면 다음과 같이 영벡터가 되는 경우가 생긴다.

$$\begin{aligned}\mathbf{h}_1 + \mathbf{h}_5 + \mathbf{h}_6 &= \begin{bmatrix}0\\1\\0\end{bmatrix} + \begin{bmatrix}1\\1\\1\end{bmatrix} + \begin{bmatrix}1\\0\\1\end{bmatrix} \\ &= \begin{bmatrix}0\\0\\0\end{bmatrix}\end{aligned}$$

이는 부호어 $\mathbf{c}$=(0100001)가 존재한다는 것을 의미한다.

따라서 2개 이하까지의 열벡터를 더하여 영벡터가 되는 경우는 없고 3개의 열벡터를 더해야 비로소 영벡터가 되는 경우가 생기므로, 최소 해밍중이 3인 부호어가 있다는 것을 의미한다.

선형블록부호에서는 최소해밍중과 최소거리는 같은 값을 가지므로 (7,4) 해밍부호의 최소거리는 3임을 알 수 있다. 이는 모든 부호어를 생성하여 구하지 않고 패리티 검사행렬의 열벡터의 조합을 이용하여 구할 수 있으므로 효율적이라 할 수 있다.

만약 4개의 열벡터를 더하면

$$\mathbf{h}_0 + \mathbf{h}_1 + \mathbf{h}_4 + \mathbf{h}_6 = \begin{bmatrix}1\\0\\0\end{bmatrix} + \begin{bmatrix}0\\1\\0\end{bmatrix} + \begin{bmatrix}0\\1\\1\end{bmatrix} + \begin{bmatrix}1\\0\\1\end{bmatrix}$$

$$= \begin{bmatrix}0\\0\\0\end{bmatrix}$$

이와 같이 영벡터가 된다. 따라서, 해밍중이 4인 부호어 **c**=(1100101)가 존재함을 알 수 있다.

비조직형태의 패리티 검사행렬이 주어진 경우, 조직형태로 변형하여 생성행렬을 구할 수 있다. 다음 예제를 사용하여 이 방법을 설명한다.

예제 4.7

5×8패리티 검사행렬 **H**를 사용하여

$$\mathbf{c} \times \mathbf{H}^{\mathrm{T}} = \mathbf{0}$$

인 길이가 8인 부호어

$$\mathbf{c} = (c_1, c_2, c_3, c_4, c_5, c_6, c_7, c_8)$$

를 생성하고자 한다. 만약 **H**가 다음과 같은 비조직형태이면,

$$\mathbf{H} = \begin{bmatrix} 1\,1\,1\,1\,0\,1\,0\,0 \\ 0\,0\,1\,1\,1\,1\,1\,0 \\ 0\,1\,0\,1\,0\,0\,1\,1 \\ 1\,0\,1\,0\,1\,0\,1\,1 \\ 1\,1\,0\,0\,1\,1\,0\,1 \end{bmatrix}$$

이를 조직형태로 변형시키는 것이 필요하며, 다음의 절차로 진행한다.

- 4번째 행 + 1번째 행 ➔ 4번째 행,
- 5번째 행 + 1번째 행 ➔ 5번째 행 연산을 수행하면,
- 첫 번째 행의 피봇 아래가 모두 0인 다음의 형렬이 된다.

$$\mathbf{H} = \begin{bmatrix} 1\,1\,1\,1\,0\,1\,0\,0 \\ 0\,0\,1\,1\,1\,1\,1\,0 \\ 0\,1\,0\,1\,0\,0\,1\,1 \\ 0\,1\,0\,1\,1\,1\,1\,1 \\ 0\,0\,1\,1\,1\,0\,0\,1 \end{bmatrix}$$

- 2번째 행과 3번째 행을 교환하면, 두번째 행의 선행 성분은 1이 되며,

$$\mathbf{H} = \begin{bmatrix} 1\,1\,1\,1\,0\,1\,0\,0 \\ 0\,1\,0\,1\,0\,0\,1\,1 \\ 0\,0\,1\,1\,1\,1\,1\,0 \\ 0\,1\,0\,1\,1\,1\,1\,1 \\ 0\,0\,1\,1\,1\,0\,0\,1 \end{bmatrix}$$

- 4번째 행 + 2번째 행 ➔ 4번째 행으로 하면, 두 번째 행의 피봇 아래가 모두 0인 다음의 형렬이 된다

$$\mathbf{H} = \begin{bmatrix} 1\,1\,1\,1\,0\,1\,0\,0 \\ 0\,1\,0\,1\,0\,0\,1\,1 \\ 0\,0\,1\,1\,1\,1\,1\,0 \\ 0\,0\,0\,0\,1\,1\,0\,0 \\ 0\,0\,1\,1\,1\,0\,0\,1 \end{bmatrix}$$

- 여기서, 5번째 행 + 3번째 행 ➔ 5번째 행 연산은 세 번째 행의 피봇 아래가 모두 0인 다음의 형렬이 된다

$$\mathbf{H} = \begin{bmatrix} 1\,1\,1\,1\,0\,1\,0\,0 \\ 0\,1\,0\,1\,0\,0\,1\,1 \\ 0\,0\,1\,1\,1\,1\,1\,0 \\ 0\,0\,0\,0\,1\,1\,0\,0 \\ 0\,0\,0\,0\,0\,1\,1\,1 \end{bmatrix}$$

- 네 번째 행의 피봇 아래를 0인 형렬로 만들기 위하여 열을 (1,2,3,4,5,6,7,8) ➔ (1,2,3,5,6,4,7,8)으로 재배치하면, 다음과 같은 행 사다리꼴 행렬이 된다.

$$\mathbf{H'} = \begin{bmatrix} 1\,1\,1\,0\,1\,1\,0\,0 \\ 0\,1\,0\,0\,0\,1\,1\,1 \\ 0\,0\,1\,1\,1\,1\,1\,0 \\ 0\,0\,0\,1\,1\,0\,0\,0 \\ 0\,0\,0\,0\,1\,0\,1\,1 \end{bmatrix}$$

- 4번째 행 + 5번째 행 ➔ 4번째 행
- 3번째 행 + 5번째 행 ➔ 3번째 행
- 1번째 행 + 5번째 행 ➔ 1번째 행 연산을 수행하면 다음과 같다.

$$\mathbf{H}' = \begin{bmatrix} 1\,1\,1\,0\,0\,1\,1\,1 \\ 0\,1\,0\,0\,0\,1\,1\,1 \\ 0\,0\,1\,1\,0\,1\,0\,1 \\ 0\,0\,0\,1\,0\,0\,1\,1 \\ 0\,0\,0\,0\,1\,0\,1\,1 \end{bmatrix}$$

- 3번째 행 + 4번째 행 ➔ 3번째 행 연산을 수행하면,

$$\mathbf{H}' = \begin{bmatrix} 1\,1\,1\,0\,0\,1\,1\,1 \\ 0\,1\,0\,0\,0\,1\,1\,1 \\ 0\,0\,1\,0\,0\,1\,1\,0 \\ 0\,0\,0\,1\,0\,0\,1\,1 \\ 0\,0\,0\,0\,1\,0\,1\,1 \end{bmatrix}$$

- 1번째 행 + 3번째 행 ➔ 1번째 행 연산을 수행하면

$$\mathbf{H}' = \begin{bmatrix} 1\,1\,0\,0\,0\,0\,0\,1 \\ 0\,1\,0\,0\,0\,1\,1\,1 \\ 0\,0\,1\,0\,0\,1\,1\,0 \\ 0\,0\,0\,1\,0\,0\,1\,1 \\ 0\,0\,0\,0\,1\,0\,1\,1 \end{bmatrix}$$

- 마지막으로 1번째 행 + 2번째 행 ➔ 1번째 행 연산을 수행하면 다음의 조직형태의 패리티 검사행렬을 얻는다.

$$\mathbf{H}' = \begin{bmatrix} 1\,0\,0\,0\,0\,1\,1\,0 \\ 0\,1\,0\,0\,0\,1\,1\,1 \\ 0\,0\,1\,0\,0\,1\,1\,0 \\ 0\,0\,0\,1\,0\,0\,1\,1 \\ 0\,0\,0\,0\,1\,0\,1\,1 \end{bmatrix} = [\mathbf{I}_{\mathrm{n-k}}|\mathbf{P}^{\mathrm{T}}]$$

따라서, 조직형태의 생성행렬은

$$\mathbf{G}' = \begin{bmatrix} 1\,1\,1\,0\,0\,1\,0\,0 \\ 1\,1\,1\,1\,1\,0\,1\,0 \\ 0\,1\,0\,1\,1\,0\,0\,1 \end{bmatrix}$$

이며, 이를 사용하여 생성된 부호어는

$$\mathbf{c}' = \mathbf{b} \times \mathbf{G}' = (c_1', c_2', c_3', c_4', c_5', c_6', c_7', c_8') = (c_1, c_2, c_3, c_5, c_6, c_4, c_7, c_8)$$

이다. 따라서, 부호어는

$$\mathbf{c} = (c_1, c_2, c_3, c_4, c_5, c_6, c_7, c_8) = (c_1', c_2', c_3', c_6', c_4', c_5', c_7', c_8')$$

이다. 따라서, 부호어 $\mathbf{c}$에서 $(c_4,\ c_7,\ c_8)$는 메시지 부분이며, $(c_1,\ c_2,\ c_3,\ c_5,\ c_6)$는 패리티 부분에 해당한다. 다음은 3비트 $(c_4,\ c_7,\ c_8)$의 메시지에 해당하는 8가지의 부호어를 보여준다.

표 4.4 비조직형태 부호어의 메시지 부분 표현

(c_4,c_7,c_8)	$\mathbf{c}'=(c_1,c_2,c_3,c_5,c_6,c_4,c_7,c_8)$	$\mathbf{c}=(c_1,c_2,c_3,c_4,c_5,c_6,c_7,c_8)$
000	00000000	00000000
100	11100100	11110000
010	11111010	11101110
110	00011110	00011110
001	01011001	01001101
101	10111101	10111101
011	10100011	10100011
111	01000111	01010011

예를 들어, 메시지 $(c_4, c_7, c_8) = (111)$인 경우, $\mathbf{c}' = (01000111)$이고, 부호어는 $\mathbf{c} = (01010011)$이며, $\mathbf{c} \times \mathbf{H}^T = \mathbf{0}$가 된다.

4.4 신드롬복호

수신벡터 $\mathbf{r}=\mathbf{c}+\mathbf{e}$에는 송신 부호어와 발생한 오류벡터가 포함되어 있다. 그리고 수신부호어와 패리티 검사행렬의 관계

$$\mathbf{r} \times \mathbf{H}^{\mathrm{T}} = \mathbf{e} \times \mathbf{H}^{\mathrm{T}}$$
$$= \mathbf{s}$$

로부터 오류신드롬을 구할 수 있다. 만약 정정 가능한 오류벡터에 대한 신드롬을 알고 있다고 가정하자. 그러면 계산된 오류신드롬에 대응하는 오류벡터를 수신벡터에서 빼면

$$\mathbf{r} - \mathbf{e} = \mathbf{c}$$

이 되어 $\mathbf{c}$를 복호할 수 있게 된다. 이원부호에서는

$$\mathbf{r} - \mathbf{e} = \mathbf{r} + \mathbf{e}$$

이다.

예제 4.8

다음의 생성행렬로 생성된 (6,3) 선형블록부호를 고려하자.

$$\mathbf{G} = \begin{bmatrix} 011100 \\ 101010 \\ 110001 \end{bmatrix}$$

이 부호의 최소거리는 3이고, 오류정정능력은 1이다. 그러면 생성행렬에서 구한 패리티 검사행렬은 다음과 같다.

$$\mathbf{H} = \begin{bmatrix} 100011 \\ 010101 \\ 001110 \end{bmatrix}$$

이 패리티 검사행렬을 이용하여 정정 가능한 오류벡터에 대한 오류신드롬을 구하면 표 5.5와 같다. 만약 신드롬이 영벡터이면 오류가 발생하지 않은 것으로 판단한다. 그리고 오류신드롬과 다른 영벡터가 아닌 오류신드롬이 발생한 경우는 수신벡터에 오류정정 능력보다 많은 오류가 발생한 것으로 판단하여 복호실패를 선언한다. 만약 수신벡터가 $\mathbf{c}$=(010001)이면, 계산된 오류신드롬은 (100)이고, 해당 오류벡터는 $\mathbf{e}$=(100000)가 되어 추정 부호어는 $\hat{\mathbf{c}}=\mathbf{r}-\mathbf{e}=\mathbf{r}+\mathbf{e}=(110001)$가 된다. 이러한 정정 가능한 오류벡터는 코세트리더와 동일하다.

표 4.5 (6,3) 선형부호의 오류신드롬

오류벡터	오류신드롬
(000001)	(110)
(000010)	(101)
(000100)	(011)
(001000)	(001)
(010000)	(010)
(100000)	(100)
(100100)	(111)

4.5 선형블록부호의 변형

오류정정부호를 실제 통신 및 컴퓨터 등의 시스템에 적용시키는 경우를 생각하자. 이 때, 시스템에서 허용하는 부호의 길이를 초과하거나 모자라는 경우가 발생한다.

전자 및 컴퓨터시스템에서는 일반적으로 8비트 혹은 1바이트의 단위로 단어를 전송한다. 이 경우에 8비트 길이에 맞는 오류정정부호를 찾거나, 그렇지 못하면 원하는 길이에 맞게 부호를 변형시켜야 한다. 지금까지 고려한 일반적인 (7,4) 해밍부호를 이용한 선형블록부호 변형에 대하여 살펴본다.

(7,4) 해밍부호를 8비트 단위의 길이에 맞게 전송하고자 한다면 1비트를 추가하여야 할 것이다. 이 부호는 4비트의 정보어 $\mathbf{m}=(m_0,m_1,m_2,m_3)$에 3비트의 패리티 비트가 $p_0=m_0+m_2+m_3$, $p_1=m_0+m_1+m_2$, $p_2=m_1+m_2+m_3$의 식으로 더해져 길이가 7인 부호어 $\mathbf{c}=(p_0,p_1,p_2,m_0,m_1,m_2,m_3)$가 된다. 여기에 추가된 짝수 패리티 비트

$$\begin{aligned} p &= p_0+p_1+p_2+m_0+m_1+m_2+m_3 \\ &= (m_0+m_2+m_3)+(m_0+m_1+m_2)+m_1+m_2+m_3 \\ &\quad +m_0+m_1+m_2+m_3 \\ &= m_0+m_1+m_3 \end{aligned}$$

을 더하여,

$$\mathbf{c}=(p,p_0,p_1,p_2,m_0,m_1,m_2,m_3)$$

의 확장 (8,4) 부호로 만들 수 있다. 원래의 (7,4) 해밍부호의 생성행렬

$$\mathbf{G}=\begin{bmatrix}1101000\\0110100\\1110010\\1010001\end{bmatrix}$$

에서 $p=m_0+m_1+m_3$을 고려하여 (7,4) 부호의 생성행렬을 다음과 같이 변형하면,

$$\mathbf{G}' = \begin{bmatrix} 11101000 \\ 10110100 \\ 01110010 \\ 11010001 \end{bmatrix}$$

의 8비트 단위로 부호어를 전송하는 (8,4) 확장부호(extended code)의 생성행렬을 구할 수 있다. $(n,\ k)$ 선형부호를 $(n+1,\ k)$ 부호로 확장한 경우를 $(n+1,\ k)$ 확장부호라 한다. (8,4) 확장부호의 최소거리는 4이므로 단일 발생 오류를 정정할 수 있고 동시에 2비트의 발생 오류를 검출할 수 있다. (7,4) 해밍부호의 패리티 검사행렬은

$$\mathbf{H} = \begin{bmatrix} 1001011 \\ 0101110 \\ 0010111 \end{bmatrix}$$

이며, 이 행렬을 이용하여 다음과 같은 (8,4) 확장부호의 패리티 검사행렬을 구할 수 있다.

$$\mathbf{H}' = \begin{bmatrix} \mathbf{1} \\ \mathbf{0} + \mathbf{H} \end{bmatrix} = \begin{bmatrix} 11111111 \\ 01001011 \\ 00101110 \\ 00010111 \end{bmatrix}$$

수신 부호어와 패리티 검사행렬을 이용하여 구한 오류신드롬은 $\mathbf{s}=(s,s_0,s_1,s_2)$이며 s_0,s_1,s_2는 (7,4) 해밍부호의 오류신드롬과 동일하다. 그리고 추가된

$$s = \sum_{i=0}^{7} r_i$$

는 패리티 검사합(parity−check sum)이다. 수신벡터 내의 1의 개수가 짝수이면 $s=\mathbf{0}$이고 그렇지 않으면 $s=\mathbf{1}$이 되어 패리티 검사가 가능해진다. 다음은 오류신드롬 $\mathbf{s}=\mathbf{r}\times\mathbf{H}^{\mathrm{T}}$으로 예상할 수 있는 오류패턴이다.

- $\mathbf{s}=\mathbf{0}$이면 오류가 발생하지 않은 것으로 판단한다.
- $\mathbf{s}\neq\mathbf{0}$이고 $s=0$이면 2개 이상의 짝수 오류가 발생한 것이므로, 오류정정불능 오류패턴 발생을 선언한다.
- $\mathbf{s}\neq\mathbf{0}$이고 $s=1$이면 1개 이상의 홀수 오류가 발생한 것이다. 이 경우는 무조건 한 개의 오류가 발생한 것으로 가정하고 오류정정을 수행한다. 물론 3개 이상의 홀수 오류가 발생한 오류패턴인 경우는 복호오류가 발생하게 된다. 따라서 (8,4) 확장부호는 단일 발생 오류를 정정할 수 있고 동시에 2비트의 발생 오류를 검출할 수 있게 된다.

예제 4.9

표 4.6의 (8,4) 확장부호의 오류신드롬 값을 이용한 오류검출 및 정정방법을 설명한다.

표 4.6 (8,4) 확장부호의 오류신드롬

오류벡터	오류신드롬
(00000001)	(1101)
(00000010)	(1111)
(00000100)	(1011)
(00001000)	(1110)
(00010000)	(1001)
(00100000)	(1010)
(01000000)	(1100)
(10000000)	(1000)

정정 가능한 오류벡터가 단일 발생 오류패턴이므로 8개의 오류신드롬은 패리티 검사행렬의 8개의 열벡터와 동일하다.

송신 부호어가 $\mathbf{c}$=(01011100)인 경우 오류가 1, 2, 3개 발생한 경우의 오류검출 및 정정은 다음과 같이 수행된다.

① 한 개의 오류 발생한 경우: 오류벡터 $\mathbf{e}$=(00001000)가 발생하면 수신벡터는 $\mathbf{r}$=(01010100)가 된다고 가정하자. 그러면, 이 수신벡터의 오류신드롬은 $\mathbf{s}$=(1110)이다. 즉 $\mathbf{s} \neq \mathbf{0}$이고 $s=1$이므로 정정 가능한 단일오류가 발생한 것으로 판단하고 이 오류신드롬에 해당하는 추정오류벡터 $\hat{\mathbf{e}}$ =(00001000)를 수신벡터에 더하여 $\hat{\mathbf{c}} = \mathbf{r} + \hat{\mathbf{e}}$ =(01011100)으로 복호하게 된다. 이 경우는 $\hat{\mathbf{c}} = \mathbf{c}$이므로 정확한 복호가 이루어진 것이다.

② 두 개의 오류 발생한 경우: 2개의 오류가 발생하여 $\mathbf{e}$=(11000000)이면 $\mathbf{r}$=(10011100)이고 $\mathbf{s}=(s, s_0, s_1, s_2)$=(0100)이다. $\mathbf{s} \neq \mathbf{0}$, $s=0$이므로, 짝수 개의 오류가 발생하여 짝수 패리티 검사합이 영인 경우이므로 오류정정을 수행하지 않고 오류발생을 선언한다.

③ 세 개의 오류 발생한 경우: 3개의 오류가 발생하여 $\mathbf{e}$=(10010100)이면 $\mathbf{r}$=(11001000)가 된다. 그리고 $\mathbf{s}=(s, s_0, s_1, s_2)$=(1010)가 되며, $\mathbf{s} \neq \mathbf{0}$이고 $s=1$이므로 정정 가능한 단일오류가 발생한 것으로 판단하고 추정오류벡터 $\hat{\mathbf{e}}$ =(00100000)를 수신벡터에 더하여 $\hat{\mathbf{c}} = \mathbf{r} + \hat{\mathbf{c}}$ = (11101000)으로 복호하게 된다. 하지만 이 경우는 $\mathbf{c} \neq \hat{\mathbf{c}}$가 되어 복호오류가 발생하게 된다.

이제까지는 (7,4) 부호에서 정보 비트의 길이를 고정하고 패리티 비트를 추가하여 전체 부호비트의 길이를 늘리면서 만족하는 최소거리를 갖는 (8,4) 확장부호를 설계하는 방법과 이 부호의 복호에 대하여 자세히 살펴보았다.

이번에는 반대로 정보어와 부호어의 길이를 줄이면서 만족하는 최소거리를 갖는 부호 설계 방법에 대하여 살펴본다. (n, k) 선형부호에서 i개의 정보 비트를 줄여서 결과적으로 부호어의 길이를 $n-i$비트 줄인 $(n-i, k-i)$ 단축선형부호를 설계할 수 있다. 이 경우 패리티 비트의 길이는 변함없이 $n-k$이다. 따라서, 단축선형부호는 원래의 부호가 갖는 최소거리 이상의 최소거리를 갖는다. (7,4) 해밍부호로부터, $i=1$이고, $(n-i, k-i)=(6,3)$인 단축부호를 생성하고자 한다면, (7,4) 해밍부호 생성행렬의 마지막 행과 마지막 열을 제거하여 구해진 다음의 생성행렬을

$$\mathbf{G}' = \begin{bmatrix} 110100 \\ 011010 \\ 111001 \\ 101000 \end{bmatrix}$$

(6,3) 단축선형부호의 생성행렬로 하면 된다. 이는 정보 비트 $\mathbf{m}=(m_0, m_1, m_2, m_3)$의 마지막 비트를 제거한 $\mathbf{m}'=(m_0, m_1, m_2)$에 대한 생성행렬인 것이다. 정보어의 길이는 3비트이고 패리티 비트의 길이는 변함없이 3비트이다. 그리고 (7,4) 해밍부호의 패리티 검사행렬의 마지막 열을 제거하면 다음과 같은 (6,3) 단축선형부호의 패리티 검사행렬이 된다.

$$\mathbf{H}' = \begin{bmatrix} 100101 \\ 010111 \\ 001011 \end{bmatrix}$$

이 패리티 검사행렬의 행 중에서 2개를 선택하여 더하였을 때, 영벡터가 되는 경우는 없고, 다음과 같이 3번째, 4번째, 6번째의 3개 행을 선택하여 더하면

$$\mathbf{h}_3 + \mathbf{h}_4 + \mathbf{h}_6 = \begin{bmatrix} 1 \\ 1 \\ 0 \end{bmatrix} + \begin{bmatrix} 1 \\ 1 \\ 1 \end{bmatrix} + \begin{bmatrix} 1 \\ 0 \\ 1 \end{bmatrix} = \begin{bmatrix} 0 \\ 0 \\ 0 \end{bmatrix}$$

와 같이 영벡터가 된다. 이는 해밍중이 3인 부호어 (001101)이 존재함을 의미하므로, (6,3) 선형부호의 최소거리는 3이 된다. 이는 원래 (7,4) 부호의 최소거리와 동일한 것이다.

CHAPTER

5

Reed Muller 부호 및 Hadamard 행렬

구 성

5.1 Reed Muller 부호

5.2 Hadamard 행렬

5.3 Fast Hadamard Transform

5.4 RM 부호 복호

5.1 Reed Muller 부호

RM(Reed Muller) 부호는 매우 간단한 구조를 가짐에도 불구하고 우수한 최소거리 특성을 갖는다. 이러한 특성 때문에, 길이가 32인 1차 RM 부호는 1969년에서 1977년 사이에 미국의 우주선 Mariner에 사용되기도 하였다. 최근에도 이동통신시스템에서도 RM 부호를 사용하고 있다 [13]–[16].

일반적으로 길이가 2^m이고 차수(degree)가 r인 Reed Muller 부호는 $R(r,m)$로 표기하며, 이 부호를 생성하는 데

$$k = \sum_{i=0}^{r} \binom{m}{i} = 1 + \binom{m}{1} + \binom{m}{2} + \cdots + \binom{m}{r}$$

개의 기저가 사용된다 [3]–[4]. 전송 정보 비트의 길이는 기저의 개수와 같다. $R(r,m)$의 최소거리는 2^{m-r}이다. $R(1,4)$는 최소거리 $2^3=8$, 정보 비트의 길이는

$$k = \sum_{i=0}^{1} \binom{4}{i} = 1 + 4 = 5$$

$k=5$, 부호 길이 $n=2^4=16$이며, 이를 생성하기 위한 기저는 다음과 같다.

$$\mathbf{1} = (1111111111111111)$$
$$\mathbf{v}_1 = (0101010101010101)$$
$$\mathbf{v}_2 = (0011001100110011)$$
$$\mathbf{v}_3 = (0000111100001111)$$
$$\mathbf{v}_4 = (0000000011111111)$$

그리고 $R(2,4)$을 생성하기 위한 기저는 다음과 같다.

$$\begin{aligned}
\mathbf{1} &= (1111111111111111) \\
\mathbf{v}_1 &= (0101010101010101) \\
\mathbf{v}_2 &= (0011001100110011) \\
\mathbf{v}_3 &= (0000111100001111) \\
\mathbf{v}_4 &= (0000000011111111) \\
\mathbf{v}_1\mathbf{v}_2 &= (0001000100010001) \\
\mathbf{v}_1\mathbf{v}_3 &= (0000010100000101) \\
\mathbf{v}_1\mathbf{v}_4 &= (0000000000110011) \\
\mathbf{v}_2\mathbf{v}_3 &= (0000001100000011) \\
\mathbf{v}_2\mathbf{v}_4 &= (0000000000110011) \\
\mathbf{v}_3\mathbf{v}_4 &= (0000000000001111)
\end{aligned}$$

모두 1인 벡터와, 서로 직교인 m=4개의 벡터 $\mathrm{v}_1,\mathrm{v}_2,\mathrm{v}_3,\mathrm{v}_4$가 기저가 된다. 그리고 추가로 m=4에서 r=2개를 선택하는 조합은 6개이다. 따라서, 기저의 개수는 1+4+6=11이다. 이러한 11개의 기저 벡터를 정리하면, $R(2,4)$의 생성행렬은 다음과 같으며,

$$\mathrm{G} = \begin{bmatrix} 1111111111111111 \\ 0101010101010101 \\ 0011001100110011 \\ 0000111100001111 \\ 0000000011111111 \\ 0001000100010001 \\ 0000010100000101 \\ 0000001100000011 \\ 0000000000110011 \\ 0000000000001111 \end{bmatrix}$$

최소거리가 2^{m-r}=4인, (n,k)=(16,11) 부호를 생성한다. 유사한 방법으로 $R(2,5)$ 부호 생성행렬의 기저 벡터는 다음과 기저 벡터의 순서와 조합으로 [0, 1, 2, 3, 4, 5, (1, 2), (1, 3), (1, 4), (1, 5), (2, 3), (2, 4), (2, 5), (3, 4), (3, 5), (4, 5)]을 구하면 그림 5.1과 같이 된다. 여기서, (1,2)는 기저 벡터 1번과 2번의 곱을 의미한다. 그리고 모두 '1'인 기저 벡터의 번호는 '0'번이다. 점선 박스로 표시된 기저는 0,1,2,3,4,5번의 벡터이다. 그리고, 실선의 박스 안에 표시된 기저는 두 기저 벡터의 곱으로 이루어진 기저 벡터이다.

[1 1 1 1 1 1 1 1 1 1 1 1 1 1 1 1 1 1 1 1 1 1 1 1 1 1 1 1 1 1 1 1]
[0 1 0 1 0 1 0 1 0 1 0 1 0 1 0 1 0 1 0 1 0 1 0 1 0 1 0 1 0 1 0 1]
[0 0 1 1 0 0 1 1 0 0 1 1 0 0 1 1 0 0 1 1 0 0 1 1 0 0 1 1 0 0 1 1]
[0 0 0 0 1 1 1 1 0 0 0 0 1 1 1 1 0 0 0 0 1 1 1 1 0 0 0 0 1 1 1 1]
[0 0 0 0 0 0 0 0 1 1 1 1 1 1 1 1 0 0 0 0 0 0 0 0 1 1 1 1 1 1 1 1]
[0 0 0 0 0 0 0 0 0 0 0 0 0 0 0 0 1 1 1 1 1 1 1 1 1 1 1 1 1 1 1 1]

[0 0 0 1 0 0 0 1 0 0 0 1 0 0 0 1 0 0 0 1 0 0 0 1 0 0 0 1 0 0 0 1]
[0 0 0 0 0 1 0 1 0 0 0 0 0 1 0 1 0 0 0 0 0 1 0 1 0 0 0 0 0 1 0 1]
[0 0 0 0 0 0 0 0 0 1 0 1 0 1 0 1 0 0 0 0 0 0 0 0 0 1 0 1 0 1 0 1]
[0 0 0 0 0 0 0 0 0 0 0 0 0 0 0 0 0 1 0 1 0 1 0 1 0 1 0 1 0 1 0 1]
[0 0 0 0 0 0 1 1 0 0 0 0 0 0 1 1 0 0 0 0 0 0 1 1 0 0 0 0 0 0 1 1
[0 0 0 0 0 0 0 0 0 0 1 1 0 0 1 1 0 0 0 0 0 0 0 0 0 0 1 1 0 0 1 1]
[0 0 0 0 0 0 0 0 0 0 0 0 0 0 0 0 0 0 1 1 0 0 1 1 0 0 1 1 0 0 1 1]
[0 0 0 0 0 0 0 0 0 0 0 0 1 1 1 1 0 0 0 0 0 0 0 0 0 0 0 0 1 1 1 1]
[0 0 0 0 0 0 0 0 0 0 0 0 0 0 0 0 0 0 0 0 1 1 1 1 0 0 0 0 1 1 1 1]
[0 0 0 0 0 0 0 0 0 0 0 0 0 0 0 0 0 0 0 0 0 0 0 0 1 1 1 1 1 1 1 1]

그림 5.1 $R(2,5)$ 부호 생성행렬의 기저 벡터

$R(3,5)$ 부호 생성행렬의 기저 벡터는 기저 벡터 [0, 1, 2, 3, 4, 5, (1, 2), (1, 3), (1, 4), (1, 5), (2, 3), (2, 4), (2, 5), (3, 4), (3, 5), (4, 5), (1, 2, 3), (1, 2, 4), (1, 2, 5), (1, 3, 4), (1, 3, 5), (1, 4, 5), (2, 3, 4), (2, 3, 5), (2, 4, 5), (3, 4, 5)]의 조합을 사용하면 그림 5.2와 같이 된다. 여기서, 파선의 박스로 표시된 벡터는 0,1,2,3,4,5번의 두 기저 벡터의 곱으로 구해진 기저 벡터이다. 그리고 실선으로 표시된 박스 부분은 0,1,2,3,4,5번의 세 기저 벡터의 곱으로 이루어진 기저 벡터이다.

[1 1 1 1 1 1 1 1 1 1 1 1 1 1 1 1 1 1 1 1 1 1 1 1 1 1 1 1 1 1 1 1]
[0 1 0 1 0 1 0 1 0 1 0 1 0 1 0 1 0 1 0 1 0 1 0 1 0 1 0 1 0 1 0 1]
[0 0 1 1 0 0 1 1 0 0 1 1 0 0 1 1 0 0 1 1 0 0 1 1 0 0 1 1 0 0 1 1]
[0 0 0 0 1 1 1 1 0 0 0 0 1 1 1 1 0 0 0 0 1 1 1 1 0 0 0 0 1 1 1 1]
[0 0 0 0 0 0 0 0 1 1 1 1 1 1 1 1 0 0 0 0 0 0 0 0 1 1 1 1 1 1 1 1]
[0 0 0 0 0 0 0 0 0 0 0 0 0 0 0 0 1 1 1 1 1 1 1 1 1 1 1 1 1 1 1 1]

[0 0 0 1 0 0 0 1 0 0 0 1 0 0 0 1 0 0 0 1 0 0 0 1 0 0 0 1 0 0 0 1]
[0 0 0 0 0 1 0 1 0 0 0 0 0 1 0 1 0 0 0 0 0 1 0 1 0 0 0 0 0 1 0 1]
[0 0 0 0 0 0 0 0 0 1 0 1 0 1 0 1 0 0 0 0 0 0 0 0 0 1 0 1 0 1 0 1]
[0 0 0 0 0 0 0 0 0 0 0 0 0 0 0 0 0 1 0 1 0 1 0 1 0 1 0 1 0 1 0 1]
[0 0 0 0 0 0 1 1 0 0 0 0 0 0 1 1 0 0 0 0 0 0 1 1 0 0 0 0 0 0 1 1
[0 0 0 0 0 0 0 0 0 0 1 1 0 0 1 1 0 0 0 0 0 0 0 0 0 0 1 1 0 0 1 1]
[0 0 0 0 0 0 0 0 0 0 0 0 0 0 0 0 0 0 1 1 0 0 1 1 0 0 1 1 0 0 1 1]
[0 0 0 0 0 0 0 0 0 0 0 0 1 1 1 1 0 0 0 0 0 0 0 0 0 0 0 0 1 1 1 1]
[0 0 0 0 0 0 0 0 0 0 0 0 0 0 0 0 0 0 0 0 1 1 1 1 0 0 0 0 1 1 1 1]
[0 0 0 0 0 0 0 0 0 0 0 0 0 0 0 0 0 0 0 0 0 0 0 0 1 1 1 1 1 1 1 1]

[0 0 0 0 0 0 0 1 0 0 0 0 0 0 0 1 0 0 0 0 0 0 0 1 0 0 0 0 0 0 0 1]
[0 0 0 0 0 0 0 0 0 0 0 1 0 0 0 1 0 0 0 0 0 0 0 0 0 0 0 1 0 0 0 1]
[0 0 0 0 0 0 0 0 0 0 0 0 0 0 0 0 0 0 0 1 0 0 0 1 0 0 0 1 0 0 0 1]
[0 0 0 0 0 0 0 0 0 0 0 0 0 1 0 1 0 0 0 0 0 0 0 0 0 0 0 0 0 1 0 1]
[0 0 0 0 0 0 0 0 0 0 0 0 0 0 0 0 0 0 0 0 0 1 0 1 0 0 0 0 0 1 0 1
[0 0 0 0 0 0 0 0 0 0 0 0 0 0 0 0 0 0 0 0 0 0 0 0 0 1 0 1 0 1 0 1]
[0 0 0 0 0 0 0 0 0 0 0 0 0 0 1 1 0 0 0 0 0 0 0 0 0 0 0 0 0 0 1 1]
[0 0 0 0 0 0 0 0 0 0 0 0 0 0 0 0 0 0 0 0 0 0 1 1 0 0 0 0 0 0 1 1]
[0 0 0 0 0 0 0 0 0 0 0 0 0 0 0 0 0 0 0 0 0 0 0 0 0 0 1 1 0 0 1 1]
[0 0 0 0 0 0 0 0 0 0 0 0 0 0 0 0 0 0 0 0 0 0 0 0 0 0 0 0 1 1 1 1]

그림 5.2 $R(3,5)$ 부호 생성행렬의 기저 벡터

5.2 Hadamard 행렬

RM 부호의 복호는 FHT(Fast Hadamard Transform)를 이용하여 최우도 복호를 수행할 수 있다. 따라서 RM 부호의 복호를 이해하기 위하여, 먼저 Hadamard 행렬에 대하여 살펴본다 [4],[7].

정의 5.1 Hadamard 행렬

행렬의 원소가 {+1, −1}인 n×n 행렬 $\mathbf{H}_n$가

$$\mathbf{H}_n \times \mathbf{H}_n^T = \mathbf{I}_n \tag{5.1}$$

의 조건을 만족하면, 이 행렬을 차수가 n인 Hadamard 행렬이라 한다.

정리 5.1 Hadamard 행렬 생성

$\mathbf{H}_n$을 사용하여 $\mathbf{H}_{2n}$은 다음과 같은 방법으로 생성된다.

$$\mathbf{H}_{2n} = \begin{bmatrix} \mathbf{H}_n & \mathbf{H}_n \\ \mathbf{H}_n & -\mathbf{H}_n \end{bmatrix} \tag{5.2}$$

먼저, $\mathbf{H}_1=[+]$로 둔다. 그러면

$$\mathbf{H}_2 = \begin{bmatrix} + & + \\ + & - \end{bmatrix}$$

$$\mathbf{H}_4 = \begin{bmatrix} \mathbf{H}_2 & \mathbf{H}_2 \\ \mathbf{H}_2 & -\mathbf{H}_2 \end{bmatrix} = \begin{bmatrix} + & + & + & + \\ + & - & + & - \\ + & + & - & - \\ + & - & - & + \end{bmatrix}$$

$$\vdots$$

$$\mathbf{H}_{2n} = \begin{bmatrix} \mathbf{H}_n & \mathbf{H}_n \\ \mathbf{H}_n & -\mathbf{H}_n \end{bmatrix}$$

와 같은 방식으로 Hadamard 행렬을 쉽게 생성할 수 있다. Hadmamrd 행렬이

$$\mathbf{H} = \begin{bmatrix} \mathbf{h}_0 \\ \mathbf{h}_1 \\ \vdots \\ \mathbf{h}_{m-2} \\ \mathbf{h}_{m-1} \end{bmatrix}$$

인 경우, 임의의 두 행벡터의 내적은 다음과 같다.

$$< \mathbf{h}_i, \mathbf{h}_j >= \begin{cases} m\,, & i = j \\ 0, & i \neq j \end{cases} \tag{5.3}$$

이와 같이 Hadamard 행렬을 구현하는 데 크로네커 곱(Kronecker product)을 사용하면 매우 편리하다. 예를 들어, (2×2) 행렬

$$\begin{bmatrix} + & + \\ + & - \end{bmatrix}$$

와 $(n \times n)$ 행렬 $\mathbf{H}_n$의 두 행렬의 크로네커 곱은 다음과 같은 $(2n \times 2n)$ 행렬 $\mathbf{H}_{2n}$이 된다.

$$\begin{bmatrix} + & + \\ + & - \end{bmatrix} \otimes \mathbf{H}_n = \begin{bmatrix} \mathbf{H}_n & \mathbf{H}_n \\ \mathbf{H}_n & -\mathbf{H}_n \end{bmatrix} = \mathbf{H}_{2n}$$

부록 A4는 이를 구현하는 프로그램과 결과를 보여주고 있다.

정의 5.2 Walsh 부호

Hadamard 행렬의 각 행벡터는 Walsh 부호가 된다. 이때, 각 원소를 $+ \to 0$, $- \to 1$로 바꾼다. W_i^n를 차수가 n인 i번 Walsh 부호라 한다. 여기서 $0 \le i \le n-1$이다.

예를 들어, $\mathbf{H}_8$는

$$\mathbf{H}_8 = \begin{bmatrix} \mathbf{H}_4 & \mathbf{H}_4 \\ \mathbf{H}_4 & -\mathbf{H}_4 \end{bmatrix} = \begin{bmatrix} + & + & + & + & + & + & + & + \\ + & - & + & - & + & - & + & - \\ + & + & - & - & + & + & - & - \\ + & - & - & + & + & - & - & + \\ + & + & + & + & - & - & - & - \\ + & - & + & - & - & + & - & + \\ + & + & - & - & - & - & + & + \\ + & - & - & + & - & + & + & - \end{bmatrix}$$

이며, 이 부호의 각 행벡터를 사용한 차수가 8인 8개의 Walsh 부호는 다음과 같다.

$$W_0^8 = (00000000)$$

$$W_1^8 = (01010101)$$

$$W_2^8 = (00110011)$$

$$W_3^8 = (01100110)$$

$$W_4^8 = (00001111)$$

$$W_5^8 = (01011010)$$

$$W_6^8 = (00111100)$$

$$W_7^8 = (01101001)$$

5.3 Fast Hadamard Transform

n차 Hadamard 행렬의 n개의 행벡터 중에서 한 개가 수신된 경우, 이 벡터가 몇 번 행벡터에 해당하는지 알고자 할 때, FHT(Fast Hadamard Transform) 알고리즘을 사용하면 쉽게 알 수 있다. FHT에 사용되는 기본 연산은 다음과 같은 나비 연산(butterfly operation)에 기반한다.

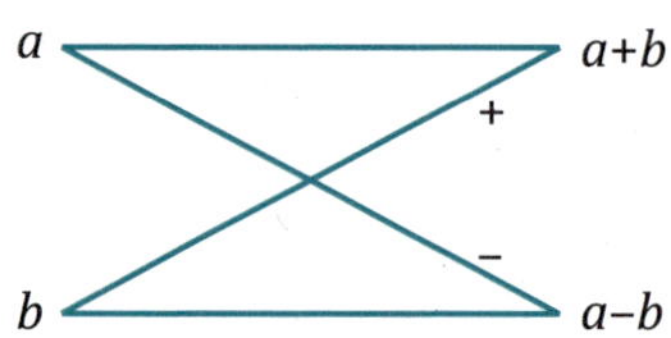

그림 5.3 2차 나비 연산

2개의 입력 a, b를 나비 연산하면, $a+b$, $a-b$의 두 가지 값이 된다. 예를 들어,

$$\mathbf{H}_2 = \begin{bmatrix} + & + \\ + & - \end{bmatrix}$$

0번 행벡터, (++)를 FHT의 입력 값으로 하면, 출력은 다음과 같다.

FHT 결과 0번이 2이고, 1번이 0이므로, 최대인 2의 값을 출력하는 0번 행벡터 (++)가 수신된 것으로 판단한다. 이제, 1번 행벡터 (+−)에 대한 FHT를 수행하면 다음과 같다.

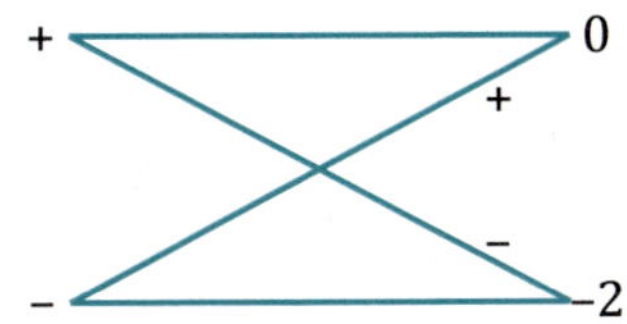

FHT의 1번 출력에서 최댓값 2가 출력된다. 따라서, 1번 행벡터 (+–)가 입력된 것이다.

다음은 수신되는 Hadamard 행렬의 한 벡터가 몇 번째 행벡터인지를 알아내는 4차 FHT 연산을 나타내고 있다. 예를 들어, 4차 Hadamard 행렬이 다음과 같고,

$$\mathbf{H}_4 = \begin{bmatrix} \mathbf{h}_0 \\ \mathbf{h}_1 \\ \mathbf{h}_2 \\ \mathbf{h}_3 \end{bmatrix} = \begin{bmatrix} + & + & + & + \\ + & - & + & - \\ + & + & - & - \\ + & - & - & + \end{bmatrix}$$

그림 5.4는 4차 FHT 연산기이다. 이 연산기에 $\mathbf{h}_3=[+\ -\ -\ +]$가 입력되는 경우를 가정하자. 직렬 $\mathbf{h}_3=[+\ -\ -\ +]$ 값이 "Serial to Parallel"에서 병렬로 변환된다. 그리고, 1단계에서는 (0번, 1번)이 쌍으로 묶여서 나비 연산되고, (2번, 3번)이 한 쌍이 되어 나비 연산된다. 그리고 그 출력 값은 2번 단계에서 (0번, 2번), (1번, 3번)이 쌍으로 되어 나비 연산이 수행된다. 그러면 0–3번의 출력 값은 (0,0,0,4)이다. 이 중에서 가장 최댓값인 4를 선택한다. 4의 값이 위치한 출력기의 위치 값은 3번이다. 따라서 수신벡터를 $\mathbf{h}_3$로 추정한다.

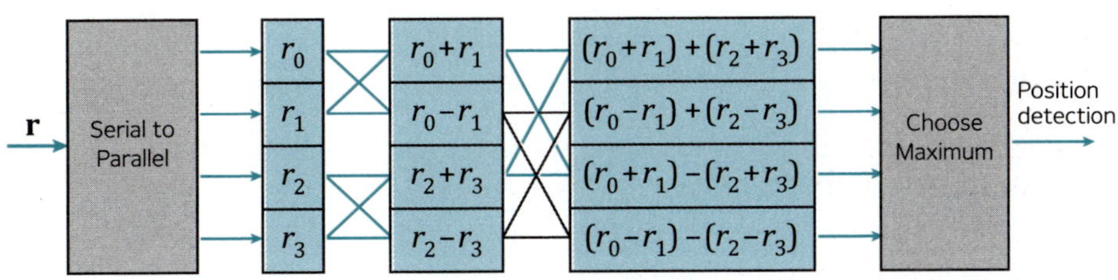

그림 5.4 4차 FHT 연산기

5.4 RM 부호 복호

길이가 2^m이고 차수가 1인 $R(1,m)$ 부호를 고려하자. $R(1,m)$는 모두 $m+1$개의 기저가 있다. 이 중에서 모두 1인 벡터를 제외한 나머지 m개 기저 벡터의 선형 조합으로, 길이가 2^m인 Walsh 부호를 생성할 수 있다. 예를 들어, $R(1,3)$ 부호의

$$\mathbf{v}_1 = (01010101)$$
$$\mathbf{v}_2 = (00110011)$$
$$\mathbf{v}_3 = (00001111)$$

의 모두 1인 벡터를 제외한 $m=3$개의 기저를 사용한

$$\mathbf{G} = \begin{bmatrix} 01010101 \\ 00110011 \\ 00001111 \end{bmatrix}$$

인 생성행렬을 사용하여, 차수가 8인 8개의 Walsh 부호를 생성할 수 있다. 그리고 Walsh 부호와 Hadamard 행렬의 행벡터와는 $0 \leftrightarrow 1$, $1 \leftrightarrow -1$의 관계가 있으므로, FHT를 사용하여 Walsh 부호가 몇 번째 부호인지를 알 수 있다.

$R(r,m)$에서는 $R(1,m)$ 기본 기저 벡터 $\mathbf{v}_1 \sim \mathbf{v}_m$를 사용하여,

$$q = \binom{m}{2} + \cdots + \binom{m}{r}$$

개의 확장된 기저 벡터를 만든다. 그러므로, 가능한 마스킹 벡터의 개수는 2^q이다.

$R(r,m)$ 부호의 복호는 그림 5.5를 알고리즘으로 구현한다 [17]. 2^q가지의 가능한 마스킹 조합에 대하여, 각 마스킹을 제거하고, 수신벡터에 대하여 2^m차 FHT를 수행한다. 그리고, FHT의 출력 값의 절대치가 최대가 되는 FHT 출력 위치 값과 출력 값을 저장한다. 그리고 모든 가능한 마스킹에 대하여 FHT 연산이 끝나게 되면, 저장된 2^q개의 FHT 출력 값의 절대치가 최대가 되는 경우의 마스킹 성분을 이용하여 q개의 정보 비트

를 추정한다. 그리고, 저장된 출력 값의 절대치가 최대가 되는 FHT의 출력 위치 값의 이진수 값이 $\mathbf{v}_1 \sim \mathbf{v}_m$ 기저 벡터에 해당하는 정보 비트가 된다. 마지막으로 FHT 최대치의 극성이 양이면, 1인 기저 벡터에 해당하는 정보 비트는 0이고, 음의 값을 가지면, 1로 판단한다.

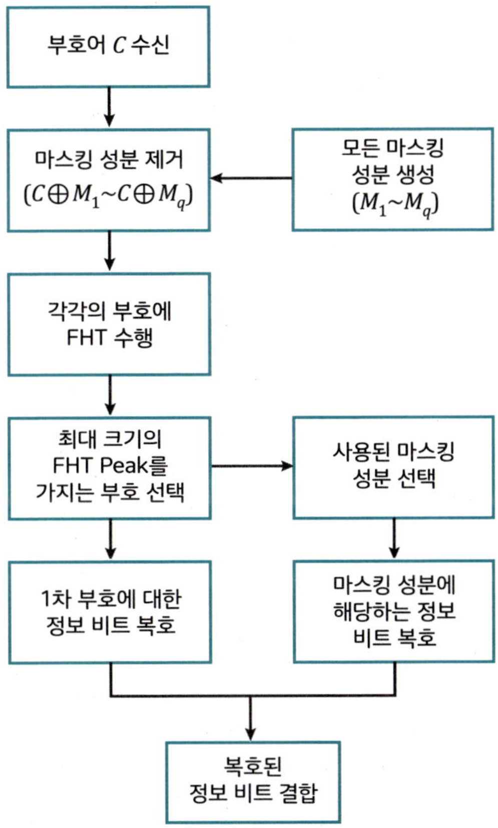

그림 5.5 FHT를 사용한 RM 부호 복호 알고리즘

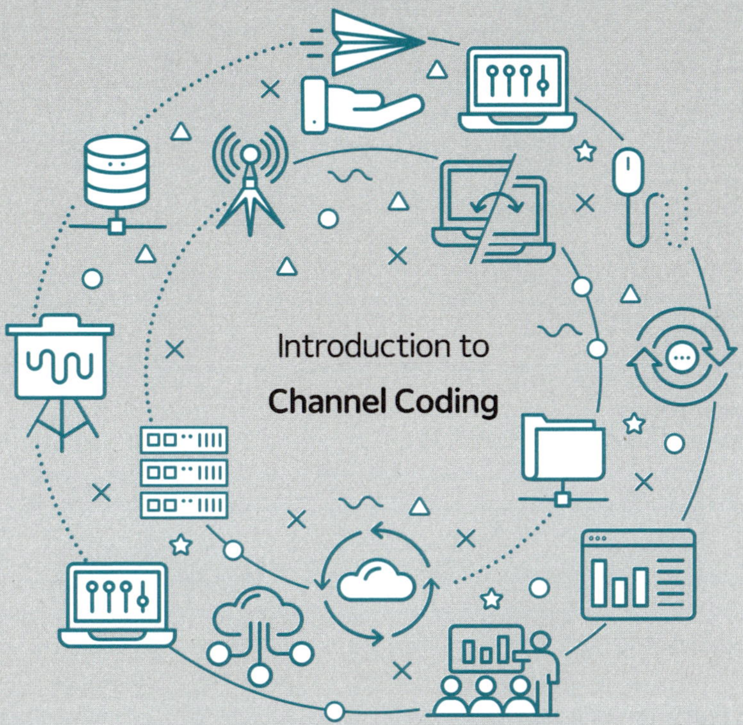

CHAPTER

6

순회부호 및 골레이부호

구 성

6.1 순회부호의 기본 정의 및 정리

6.2 조직부호 형태의 순회부호 생성

6.3 순회부호의 쌍대부호 및 패리티 검사행렬

6.4 순회부호의 오류검출

6.5 순회부호의 오류정정

6.6 CRC

6.7 골레이부호

순회부호(cyclic code)는 3G, 4G, 5G등의 이동통신시스템을 포함여, 컴퓨터 통신 등의 다양한 분야에서 오류검출 또는 정정용으로 사용되고 있다 [13]–[16]. 순회부호는 채널 인코더와 디코더 구현이 간편한 장점이 있다 [17]–[21]. 먼저 순회부호에 대한 정의, 특성을 살펴보고 순회부호의 채널 인코더 및 디코더 구현에 대하여 설명한다. 또한 순회부호 중에서 널리 사용되는 완전부호인 골레이부호에 대하여 설명한다 [22]–[23].

6.1 순회부호의 기본 정의 및 정리

정의 6.1 순회부호

(n,k) 선형부호 C 내의 임의의 부호어를 순회 시프트 시켰을 때, 그 순회 시프트된 부호어가 다시 C 내의 다른 부호어가 될 때, 이 선형부호를 순회부호라 한다.

임의의 부호벡터 $\mathbf{c}=(c_0,c_1,\cdots,c_{n-1})$는 다음과 같은 다항식으로 표현된다.

$$c(x) = c_0 + c_1x + \cdots + c_{n-1}x^{n-1} \tag{6.1}$$

만약 $\mathbf{c}$를 오른쪽으로 i번 순회 시프트 시키면,

$$\mathbf{c}^{(i)} = (c_{n-i}, c_{n-i+1}, \dots, c_0, c_1, \dots, c_{n-i-1}) \tag{6.2}$$

이 된다. 그리고 이를 부호다항식(code polynomial)으로 표현하면 다음과 같다.

$$c^{(i)}(x) = c_{n-i} + c_{n-i+1}x + \cdots + c_{n-i-1}x^{n-1} \tag{6.3}$$

예제 6.1

다음 그림은 7차 벡터 공간에서 16개의 부호어로 구성된 (7,4) 해밍부호 집합을 나타낸다.

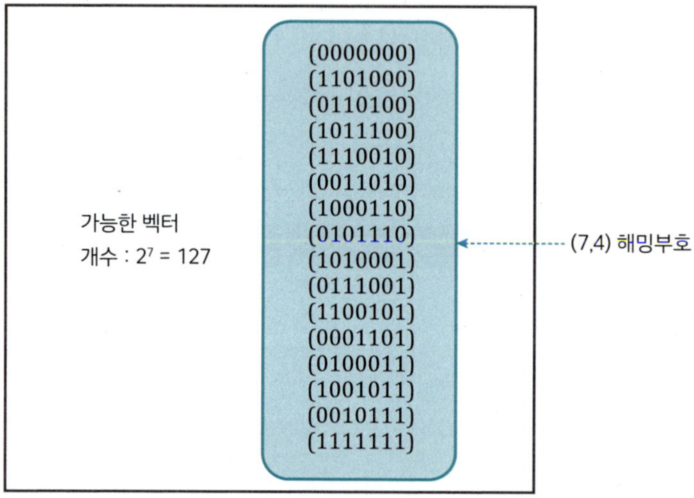

그림 6.1 7차 벡터 공간에서의 (7,4) 해밍부호

영벡터 $\mathbf{c}$=(0000000) 부호어는 순회 시프트 시켜도 자기 자신인 영벡터가 되므로 당연히 해밍부호이다. 그리고 부호어 $\mathbf{c}$=(1111111)도 마찬가지이다. 이제는 해밍중이 3인 $\mathbf{c}$=(1101000)을 순회 시프트 시켜보자. 그러면, 다음과 같이 동일한 부호어 내의 해밍중이 3인 다른 부호어가 됨을 알 수 있다.

$$\mathbf{c} = (1101000)$$
$$\mathbf{c}^{(1)} = (0110100)$$
$$\mathbf{c}^{(2)} = (0011010)$$
$$\mathbf{c}^{(3)} = (0001101)$$
$$\mathbf{c}^{(4)} = (1000110)$$
$$\mathbf{c}^{(5)} = (0100011)$$
$$\mathbf{c}^{(6)} = (1010001)$$

그리고 이제는 해밍중이 4인 부호어 $\mathbf{c}$=(1011100)를 순회 시프트 시키면 다음과 같이 동일한 (7,4) 해밍부호 내의 다른 부호어가 됨을 알 수 있다.

$$
\begin{aligned}
\mathbf{c} &= (1011100) \\
\mathbf{c}^{(1)} &= (0101110) \\
\mathbf{c}^{(2)} &= (0010111) \\
\mathbf{c}^{(3)} &= (1001011) \\
\mathbf{c}^{(4)} &= (1100101) \\
\mathbf{c}^{(5)} &= (1110010) \\
\mathbf{c}^{(6)} &= (0111001)
\end{aligned}
$$

이러한 방법으로 모든 부호어를 순회시키면 다시 동일한 부호 내의 부호어가 된다. 따라서 (7,4) 해밍부호는 선형블록부호이면서 순회부호가 된다. 이를 그림 6.2는 4개의 부호어 (0000000), (1111111), (1101000), (1011100)의 순회 시프트로 모든 (7,4) 해밍부호를 구할 수 있음을 설명한다.

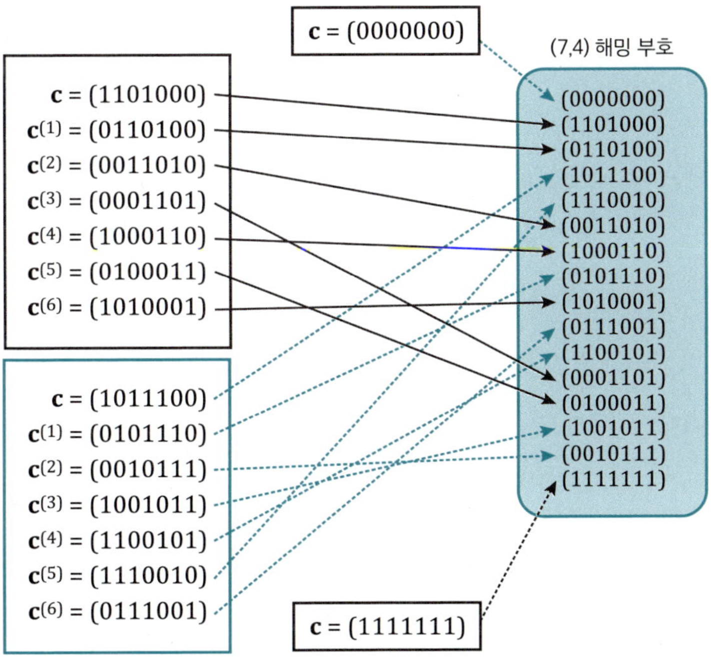

그림 6.2 (7,4) 해밍부호의 순회부호 특성

정리 6.1

길이가 n인 이원 선형순회부호 C는 다음과 성질을 갖는 다항식의 집합이다.

1) $c_1(x), c_2(x) \in C \rightarrow a_1c_1(x) + a_2c_2(x) \in C, a_1, a_2 \in \{0,1\}$

2) $c(x) \in C \rightarrow x^i c(x) \bmod (x^n + 1) = c^{(i)}(x) \in C$

증명

1) C가 선형부호이어서 성립한다.

2) $x^i c(x) = c_0x^i + \cdots + c_{n-i-1}x^{n-1} + c_{n-i}x^n + c_{n-i+1}x^{n+1} + \cdots + c_{n-1}x^{n+i-1}$

이다. 그리고

$$
\begin{gathered}
c_{n-i}x^n = c_{n-i}(x^n - 1) + c_{n-i} \\
c_{n-i+1}x^{n+1} = c_{n-i+1}x(x^n - 1) + c_{n-i+1}x \\
\vdots \\
c_{n-1}x^{n+i-1} = c_{n-1}x^{i-1}(x^n - 1) + c_{n-1}x^{i-1}
\end{gathered}
$$

의 관계를 이용하면,

$$
\begin{aligned}
x^i c(x) = c_{n-i} + c_{n-i+1}x + \cdots + c_{n-1}x^{i-1} + c_0x^i + \cdots + c_{n-i-1}x^{n-1} \\
+ (c_{n-i} + c_{n-i+1} + \cdots + c_{n-1})(x^n - 1)
\end{aligned}
$$

이므로,

$$
\begin{aligned}
x^i c(x) \bmod (x^n - 1) &= c_{n-i} + c_{n-i+1}x + \cdots + c_{n-1}x^{i-1} + c_0x^i + \cdots + c_{n-i-1}x^{n-1} \\
&= c^{(i)}(x)
\end{aligned}
$$

이다. 이원부호에서 $x^n - 1$는 $x^n + 1$와 동일하므로, $x^i c(x) \bmod (x^n + 1) = c^{(i)}(x)$.

따름정리 6.1

$c(x) \in C$이면, $a(x)c(x) \bmod (x^n+1) \in C$이다.

예를 들어, $a(x)=1+x$이면, $a(x)c(x) \bmod (x^n+1)=c(x)+c^{(1)}(x) \in C$이다. 그리고, 더 높은 차수의 다항식 $a(x)$에 대해서도 성립하게 된다.

정의 6.2 모닉 다항식

최고차수의 계수가 1인 다항식을 모닉 다항식(monic polynomial)이라 한다.

따름정리 6.2

순회부호 C 내의 영을 제외한 최소차수의 부호다항식은 유일하다.

증명

$$g(x) = g_0 + g_1 x + \cdots + g_{r-1}x^{r-1} + x^r$$

이 순회부호 C 내의 영을 제외한 최소차수의 부호다항식이라 하자. 만약 이 부호다항식이 유일하지 않다면, 차수가 r인 다른 부호다항식

$$g'(x) = g'_0 + g'_1 x + \cdots + g'_{r-1}x^{r-1} + x^r$$

이 존재하게 된다. 순회부호는 선형부호이므로 이 두 부호다항식을 더하면,

$$g(x) + g'(x) = (g_0 + g'_0) + (g_1 + g'_1)x + \cdots + (g_{r-1} + g'_{r-1})x^{r-1}$$

인 차수가 r보다 작은 다른 부호다항식이 된다. 만약

$$g(x) + g'(x) \neq 0$$

이면, 최소차수의 다항식보다 차수가 작은 부호어 $g(x)+g'(x)$가 존재한다는 의미이다. 따라서, $g(x)$가 C 내의 영을 제외한 최소차수의 부호다항식이기 위하여

$$g(x) + g'(x) = 0$$

이 되어야 한다. 따라서, $g(x)=g'(x)$이므로 $g(x)$는 유일하다.

정의 6.3 생성다항식

C를 임의의 순회부호라 하자. 그러면 C 내의 영을 제외한 유일한 최소차수의 모닉 부호다항식 $g(x)$를 부호 C의 생성다항식이라 하며, $C=(g(x))$로 표기한다.

최고차수가 $n-k$인 생성다항식 $g(x)$와 최고차수가 $k-1$인 정보다항식 $m(x)$의 곱인 $c(x)=m(x)g(x)$는 (n,k) 순회부호의 부호다항식이 된다.

정리 6.3

길이가 n 선형순회부호 C의 생성다항식 $g(x)=g_0+g_1x+\cdots+g(r-1)x^{r-1}+x^r$의 $g_0=1$이다.

증명 먼저 $g=0$이라 가정하자. 그러면,

$$g(x) = g_1x + \cdots + g_{r-1}x^{r-1} + x^r = x(g_1 + \cdots + g_{r-1}x^{r-2} + x^{r-1})$$

이며, $g(x)$는 차수가 $r-1$인 부호다항식

$$g'(x) = g_1 + \cdots + g_{r-1}x^{r-2} + x^{r-1}$$

을 순회 시프트한 부호다항식임을 의미한다. 이는 $g'(x)$가 최소다항식이며, 생성다항식 $g(x)$가 영을 제외한 유일한 최소차수의 부호다항식이라는 가정에 위배된다. 따라서 $g_0=1$이다.

정리 6.4

생성다항식이 $g(x)$인 길이가 n인 선형순회부호 C가 존재하면,

$$g(x)|(x^n + 1)$$

이다. 그리고 그 역도 성립한다.

따름정리 6.2

(x^n+1)이 M개의 기약다항식으로 인수분해 되면,

$$x^n + 1 = f_1(x)f_2(x)\cdots f_M(x)$$

이므로, 길이가 n인 순회부호는 2^M개 존재하게 된다.

정의 6.4 패리티 검사다항식

$h(x)g(x)=x^n+1$이면, $g(x)$를 생성다항식, $h(x)$를 패리티 검사다항식이라 한다.

정리 6.5

$\{g(x),xg(x),\cdots,x^{k-1}g(x)\}$는 (n,k) 순회부호 C의 벡터공간에 대한 기저가 된다.

(n,k) 순회부호의 부호다항식은 $\{g(x),xg(x),\cdots,x^{k-1}g(x)\}$의 선형조합으로 구해질 수 있으며, $g(x)$의 차수는 $n-k$이다. 따라서, (n,k) 순회부호의 생성행렬은

$$\mathbf{G} = \begin{bmatrix} g(x) \\ xg(x) \\ \vdots \\ x^{k-1}g(x) \end{bmatrix} = \begin{bmatrix} g_0 & g_1 & \cdots & g_{n-k} & 0 & \cdots & \cdots & \cdots \\ 0 & g_0 & g_1 & \cdots & g_{n-k} & 0 & \cdots & 0 \\ & & & & \vdots & & & \\ 0 & 0 & 0 & \cdots & 0 & g_0 & \cdots & g_{n-k} \end{bmatrix}$$

이 된다.

예제 6.2

생성다항식 $g(x)=1+x+x^3$을 이용하여 발생된 (7,4) 순회부호는 다음과 같다.

표 6.1 $g(x)=1+x+x^3$로 발생된 (7,4) 순회부호

정보어	부호어	부호다항식
(0000)	(000000)	$0\times g(x)=1+x+x^3=0$
(1000)	(1101000)	$g(x)=1+x+x^3$
(0100)	(0110100)	$x\times g(x)=x+x^2+x^4$
(1100)	(1011100)	$(1+x)\times g(x)=1+x^2+x^3+x^4$
(0010)	(0011010)	$x^2\times g(x)=x^2+x^3+x^5$
(1010)	(1110010)	$(1+x^2)\times g(x)=1+x+x^2+x^4$
(0110)	(0101110)	$(x+x^2)\times g(x)=x+x^3+x^4+x^5$
(1110)	(1000110)	$(1+x+x^2)\times g(x)=1+x^4+x^5$
(0001)	(0001101)	$x^3\times g(x)=x^3+x^4+x^6$
(1001)	(1100101)	$(1+x^3)\times g(x)=1+x+x^4+x^6$
(0101)	(0111001)	$(x+x^3)\times g(x)=x+x^2+x^3+x^6$
(1101)	(1010001)	$(1+x+x^3)\times g(x)=1+x^2+x^6$
(0011)	(0010111)	$(x^2+x^3)\times g(x)=x^2+x^4+x^5+x^6$
(1011)	(1111111)	$(1+x^2+x^3)\times g(x)=1+x+x^2+x^3+x^4+x^5+x^6$
(0111)	(0100011)	$(x+x^2+x^3)\times g(x)=x+x^5+x^6$
(1111)	(1001011)	$(1+x+x^2+x^3)\times g(x)=1+x^3+x^5+x^6$

6.2 조직부호 형태의 순회부호 생성

표 6.1의 순회부호는 부호어에 정보어가 어떤 부분인지 알 수 없는 비조직적형태이다. 비조직적형태를 정보 비트와 패리티 비트가 분리된 조직부호어로 변형하는 방법에 대하여 설명한다. 생성다항식이

$$g(x) = 1 + g_1 x + g_2 x + \cdots + g_{n-k-1} x^{n-k-1} + x^{n-k}$$

인 (n,k)인 순회부호 $C=(g(x))$의 부호어가 조직부호어 형태가 되기 위하여, 이 순회부호의 기저

$$\{g(x), xg(x), \cdots, x^{k-1} g(x)\}$$

는 새로운 기저 형태로 변형되어야 한다. 먼저, k개의

$$x^{n-k}, x^{n-k}, \cdots, x^{n-1}$$

를 $g(x)$로 나누면 다음 식이 된다.

$$x^{n-k+i} = q_i(x) g(x) + r_i(x), \ \ i = 0, \cdots, k-1 \qquad (6.4)$$

선형순회부호의 성질에 의하여 $\{g(x), xg(x), \cdots, x^{k-1} g(x)\}$ 대신에

$$q_i(x) g(x) = x^{n-k+i} + r_i(x), i = 0, \cdots, k-1 \qquad (6.5)$$

을 새로운 기저로 사용할 수 있다. 그리고 이를 기저다항식으로 사용하면, 다음의 새로운 생성행렬이 구해진다.

$$\mathbf{G} = \begin{bmatrix} x^{n-k} + r_0(x) \\ x^{n-k+1} + r_1(x) \\ \vdots \\ x^{n-1} + r_{k-1}(x) \end{bmatrix} \tag{6.6}$$

새로운 생성행렬 다항식의 차수를 오름차순으로 정리하면,

$$\mathbf{G} = \begin{bmatrix} r_{0,0} & r_{0,1} & \cdots & r_{0,n-k-1} & 1 & 0 & 0 & \cdots & 0 \\ r_{1,0} & r_{1,1} & \cdots & r_{1,n-k-1} & 0 & 1 & 0 & \cdots & 0 \\ \vdots & \vdots & \vdots & \vdots & \vdots & \vdots & \vdots & \vdots & \vdots \\ r_{k-1,0} & r_{k-1,1} & \cdots & r_{k-1,n-k-1} & 0 & 0 & 0 & \cdots & 1 \end{bmatrix} = [\mathbf{P}|\mathbf{I_k}] \tag{6.7}$$

의 조직형태의 생성행렬이 된다. 여기서, 패리티행렬은

$$\mathbf{P} = \begin{bmatrix} r_{0,0} & r_{0,1} & \cdots & r_{0,n-k-1} \\ r_{1,0} & r_{1,1} & \cdots & r_{1,n-k-1} \\ \vdots & \vdots & \vdots & \vdots \\ r_{k-1,0} & r_{k-1,1} & \cdots & r_{k-1,n-k-1} \end{bmatrix} \tag{6.8}$$

이며, 이는 x^{n-k+i}를 $g(x)$로 나눈 나머지이다.

그리고 길이가 k인 차수가 $k-1$인 정보다항식 $m(x)$에 x^{n-k}을 곱하고, 생성다항식 $g(x)$로 나누면,

$$x^{n-k}m(x) = a(x)g(x) + b(x)$$

가 된다. 그러면,

$$a(x)g(x) = b(x) + x^{n-k}m(x)$$

인 조직부호어 형태가 된다. 왜냐하면, 부호어에서 정보어 부분 $x^{n-k}m(x)$은 그대로 보존되고, 패리티 부분 $b(x)$이 추가되기 때문이다. 이러한 새로운 기저 생성원리에 기반하여 다음과 같은 3단계로 조직형태의 순회부호를 생성할 수 있다.

- 1단계: 정보다항식 $m(x)$에 x^{n-k}를 곱한다:

$$x^{n-k}m(x)$$

- 2단계: $x^{n-k}m(x)$를 생성다항식 $g(x)$로 나눈 나머지 계산:

$$b(x) = x^{n-k}m(x) \bmod g(x)$$

- 3단계: 패리티와 메시지 부분을 합하여 조직형태의 순회부호 생성:

$$c(x) = b(x) + x^{n-k}m(x)$$

그림 6.3은 생성다항식 $g(x)=1+g_1x+g_2x+\cdots+g_{n-k-1}x^{n-k-1}+x^{n-k}$을 사용한 조직형태의 (n,k) 순회부호 생성 회로이다. 회로의 시프트 레지스터에 입력되는 클록에 따른 회로 동작은 다음과 같다.

- 1단계: 시프트 레지스터의 내용을 모두 영으로 초기화한다.
- 2단계: 클록 $1\sim k$ 동안 게이트는 닫히고, 스위치는 1에 위치한다. 그리고 k개의 정보 비트 $m_0,m_1,\cdots m_{k-1}$가 시프트 레지스터에 입력되면서 부호어의 정보 부분이 된다.
- 3단계: 게이트는 열고, 스위치는 2에 위치한다.
- 4단계: 클록 $k+1\sim n$ 동안 시프트 레지스트에 저장된 $n-k$개의 패리티 검사 비트 $b_0,b_1,\cdots,b_{n-k-1}$가 출력되어 부호어의 패리티 부분이 된다.

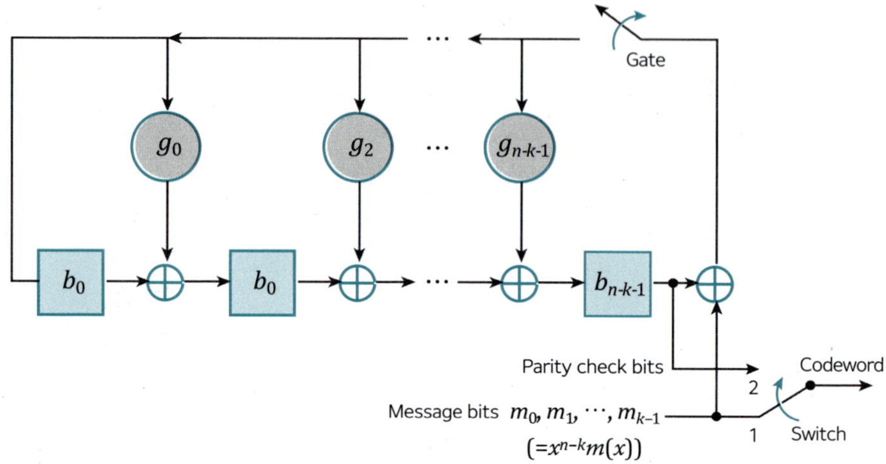

그림 6.3 생성다항식을 이용한 조직형태의 순회부호 인코더

예제 6.3

x^n+1은 $x=1$을 근으로 하고, $(1+x)$도 $x=1$을 근으로 하므로,

$$(x+1)|(x^n+1)$$

이다. 따라서 $g(x)=(1+x)$을 $(n,k)=(n,n-1)$ 순회부호의 생성다항식으로 정할 수 있다. 그림 6.4의 회로 메모리 값을 0으로 초기화하고, $k=n-1$비트의 정보벡터를 회로의 오른쪽에 입력한다.

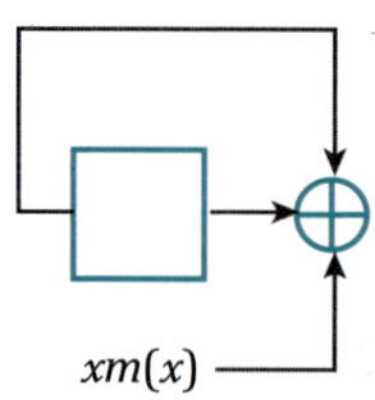

그림 6.4 생성다항식이 $(1+x)$인 $(n,n-1)$ 순회부호 인코더

정보 비트가 모두 입력되고 나면, 그림 6.5 회로의 메모리에 남은 1비트 값 b가 패리티 비트가 된다.

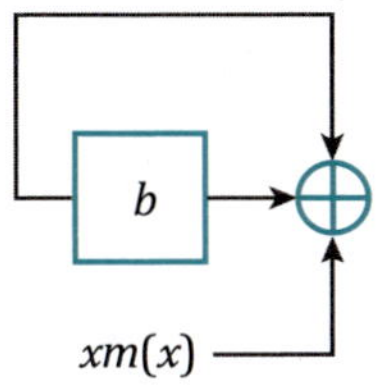

그림 6.5 생성다항식 $(1+x)$인 순회부호 인코더 최종 메모리 값

그리고 이 비트는 이미 입력된 $k=n-1$ 정보 비트에 추가되어, 그림 6.6의 $(n,k)=(n,n-1)$ 순회부호어가 된다.

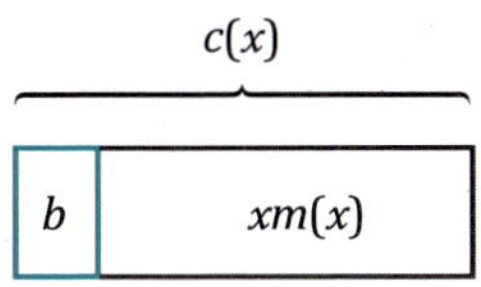

그림 6.6 $g(x)=(1+x)$인 $(n,k)=(n,n-1)$ 순회부호어

여기서, b는 모드 입력 비트의 이원가산한 결과이므로, 부호어 내의 1의 개수가 항상 짝수가 되게 한다. 즉, 짝수 패리티 검사부호가 된다. 따라서, 생성다항식에 $(1+x)$가 포함된 순회부호의 해밍중은 항상 짝수가 되며, 모든 홀수의 중을 갖는 오류형태를 검출할 수 있게 된다.

예제 6.4

그림 6.7은 생성다항식이 $g(x)=1+x+x^3$인 (7,4) 순회부호 생성 회로이다.

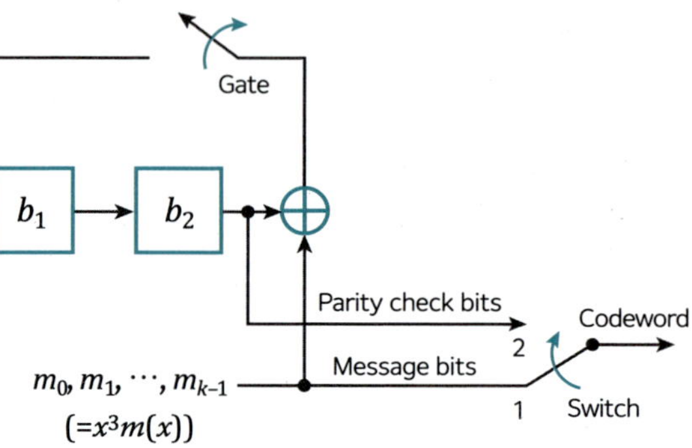

그림 6.7 생성다항식이 $g(x)=1+x+x^3$인 (7,4) 순회부호 발생 회로

정보어가 $\mathbf{m}=(1101)$인 경우, 조직형태의 부호어를 다음의 절차로 구한다.

- 1단계: 시프트 레지스터의 내용을 모두 영으로 초기화한다.

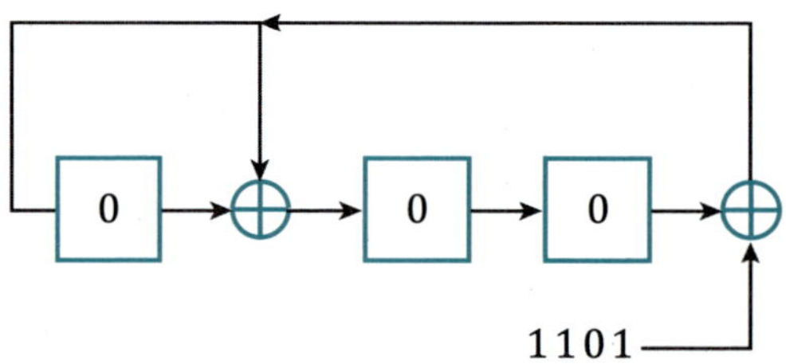

- 2단계: 클록 1~4 동안 게이트는 닫히고, 스위치는 1에 위치한다. 그리고 4개의 정보 비트 1101가 시프트 레지스터에 입력되면서 부호어의 정보 부분이 된다. 정보어 부분의 맨 오른쪽 비트부터 회로에 입력해야 한다.

- 클록 1:

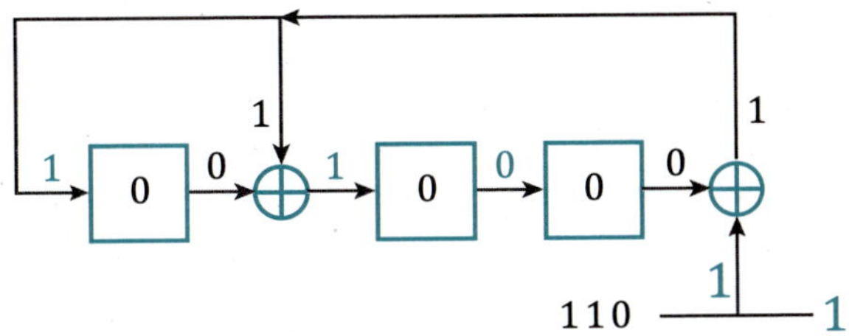

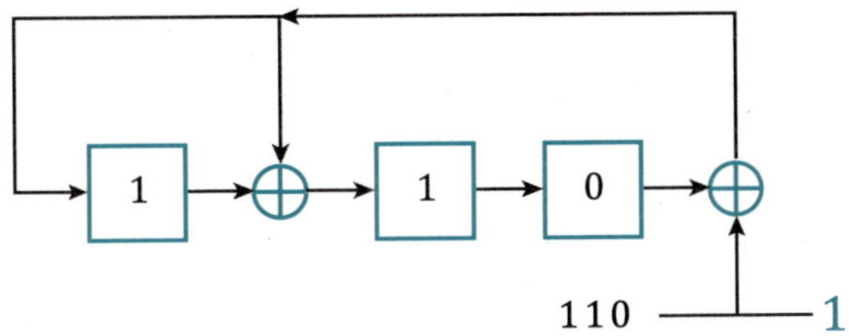

- 클록 2:

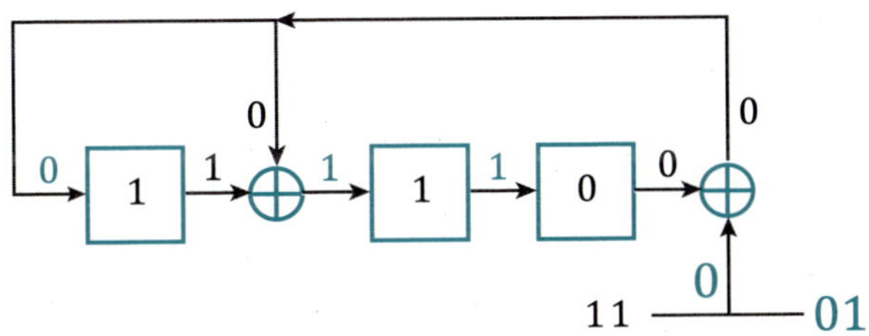

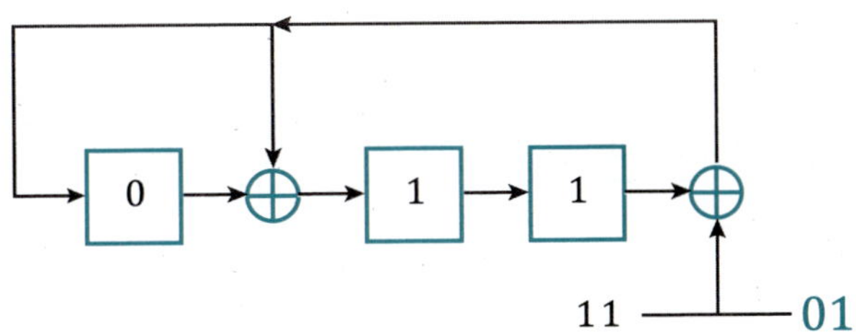

- 블록 3:

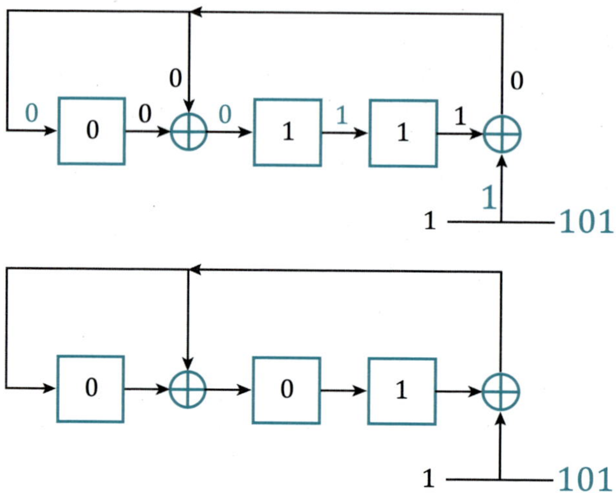

- 블록 4:

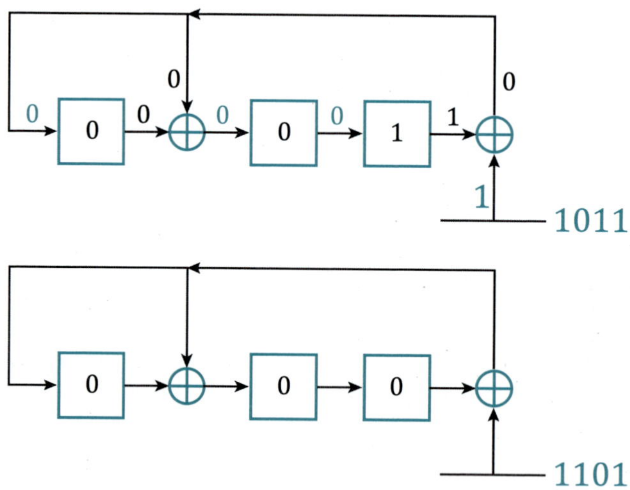

- 3단계: 게이트는 열고, 스위치는 2에 위치한다.

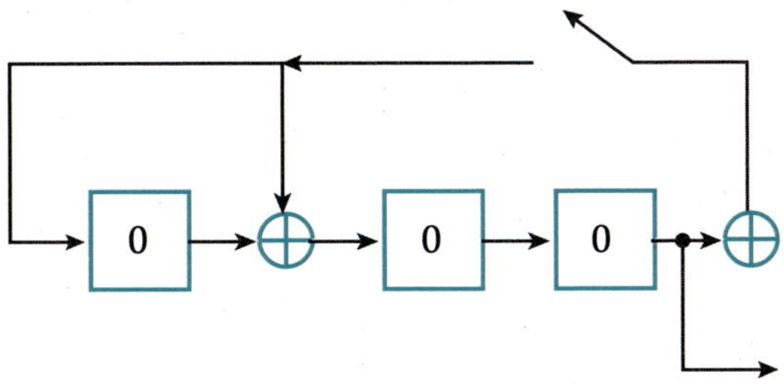

- 4단계: 클록 4~7 동안 시프트 레지스트에 저장된 3개의 패리티 검사 비트 b_0, b_1, b_2가 출력되어 부호어의 패리티 부분이 된다.

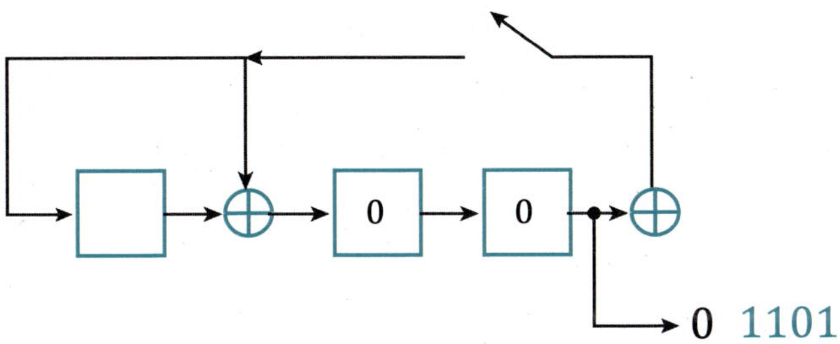

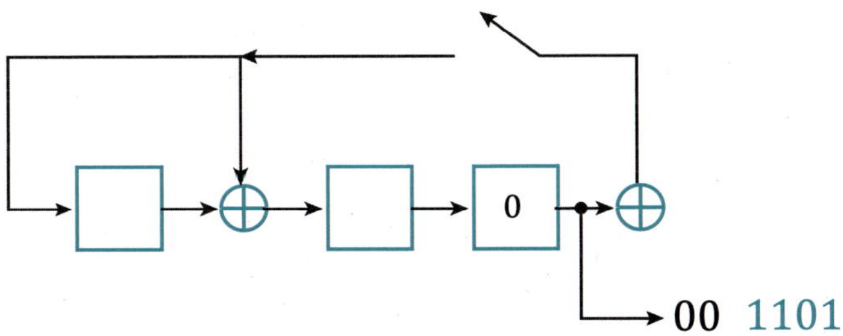

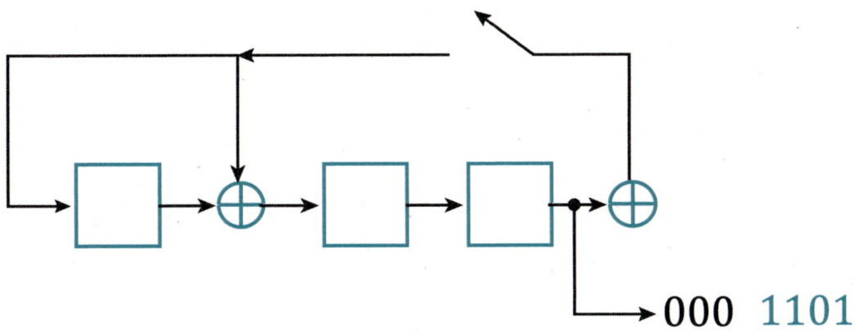

시프트 레지스터 내용은 패리티 비트가 되므로, 부호어는 $\mathbf{c}$=(0001101)가 된다. 위의 모든 과정을 정리하면 표 6.2와 같다. 표 6.2의 마지막 열은 회로의 귀환 값이다.

일반적으로, $x^{n-k}m(x)$를 $g(x)$로 나누면 몫은 $a(x)$, 나머지는 $b(x)$이므로,

$$x^{n-k}m(x) = a(x)\,g(x) + b(x)$$

로 표현된다.

몫 $a(x)$는 회로의 귀환 값 $\boldsymbol{a}$의 다항식 표현으로 구해진다. 표 6.2에서 $\boldsymbol{a}$=(0001)이므로, 몫은 $a(x)=x^3$가 된다.

표 6.2 $\mathbf{m}$=(1101)인 경우 순회부호기 시프트 레지스터 내용 변화

타이밍	입력 비트	시프트 레지스터	출력	귀환
초기화		0 0 0		
클록 1	1	1 1 0	1	1
클록 2	0	0 1 1	0	0
클록 3	1	0 0 1	1	0
클록 4	1	0 0 0	1	0
클록 5		0 0	0	
클록 6		0	0	
클록 7			0	

이제는 어떠한 원리로 그림 6.3의 회로가 (n,k) 순회부호의 생성 회로가 되는지 살펴본다. 먼저, 그림 6.3의 회로가 $b(x)=x^{n-k}m(x) \bmod g(x)$의 다항식 나누기를 구현한다는 것을 이해하는 것이 중요하다. 이를 위하여, 그림 6.7의 $(n,k)=(7,4)$ 순회부호 생성 회로를 예로 설명한다. $m(x)=1+x+x^3$이고, $g(x)=1+x+x^3$인 경우, $n-k=3$이다. 그리고

$$x^3m(x)\text{mod }g(x) = x^6\text{mod }g(x) + x^4\text{mod }g(x) + x^3\text{mod }g(x)$$

이므로, $x^3m(x)\text{mod}g(x)$는 $x^3\text{mod}g(x)$, $x^4\text{mod}g(x)$, $x^6\text{mod}g(x)$의 3개의 나누기 연산 결과의 합과 동일하다.

① $x^3\text{mod}g(x) = (1+x)$의 연산 회로

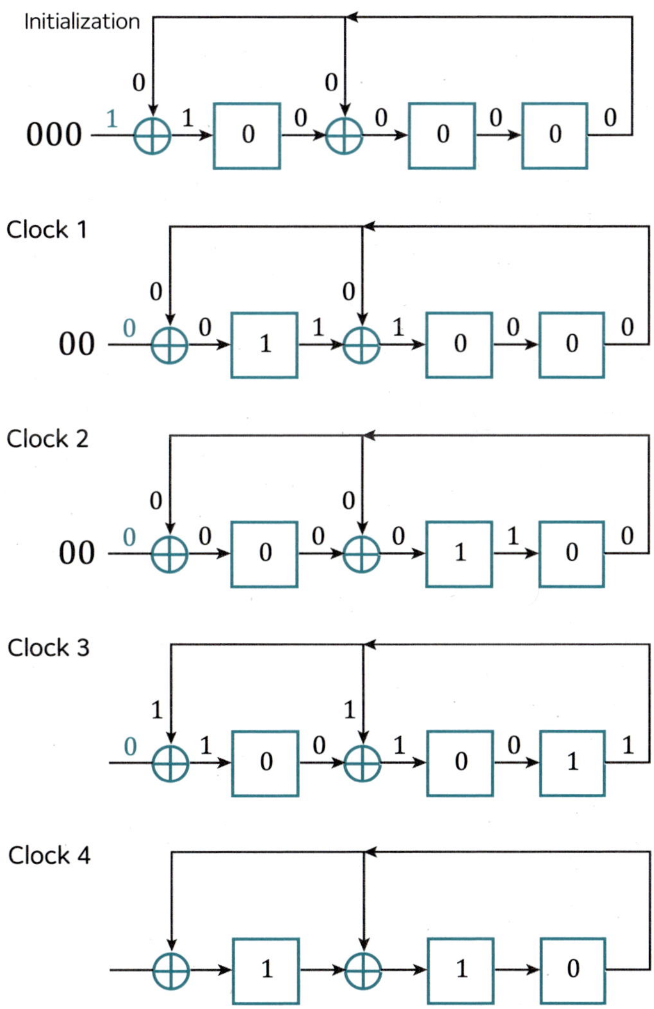

② $x^4 \mathrm{mod} g(x)=(x+x^2)$의 연산 회로: 클록 1~4까지는 $x^3 \mathrm{mod} g(x)$의 회로 동작과 동일하다. 그리고 마지막으로 클록 5를 수행하면 $x^4 \mathrm{mod} g(x)$의 결과가 된다.

Clock 5

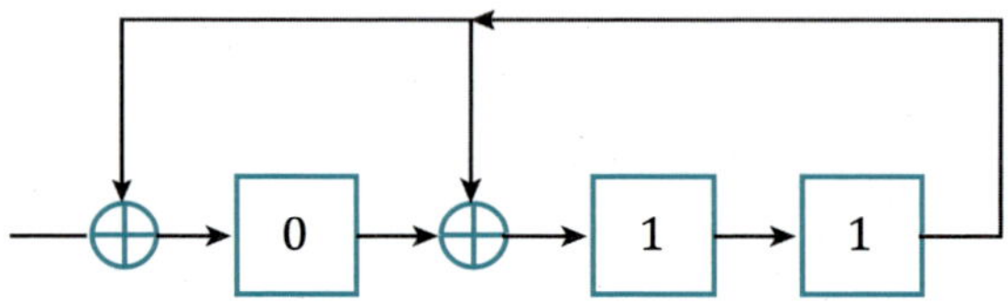

③ $x^6 \mathrm{mod} g(x)=(1+x^2)$의 연산 회로: 클록 1~5까지는 $x^4 \mathrm{mod} g(x)$의 회로 동작과 동일하다. 따라서, 클록 6, 7을 수행하면 $x^6 \mathrm{mod} g(x)$의 결과가 된다.

Clock 6

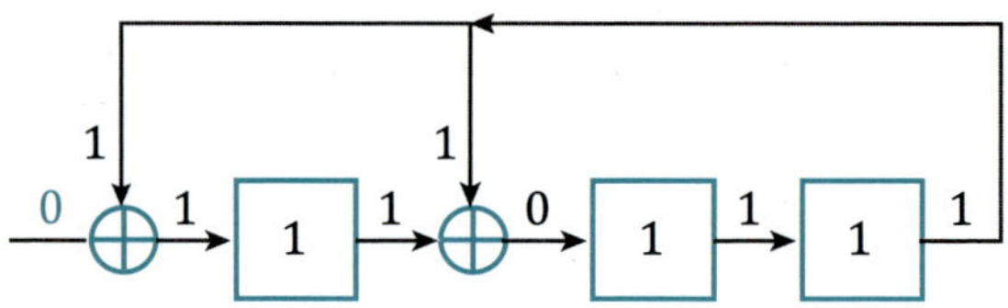

Clock 7

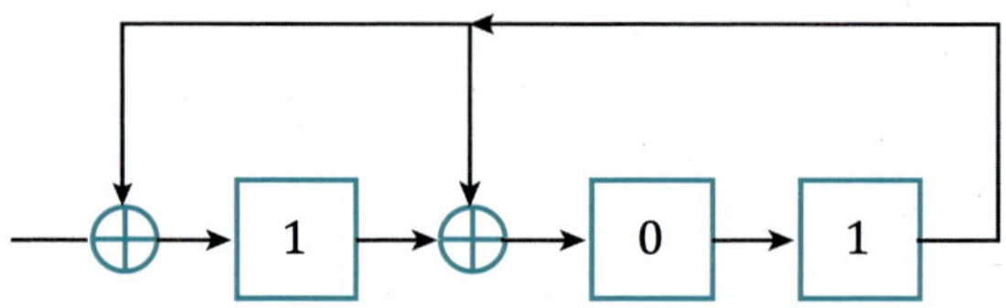

3개 회로의 시프트 레지스터에 남아있는 값을 모두 더하면,

$$\begin{aligned} x^3 \mathrm{mod}\, g(x) + x^4 \mathrm{mod}\, g(x) + x^6 \mathrm{mod}\, g(x) &= (110) + (011) + (101) \\ &= (0,0,0) \end{aligned}$$

가 된다.

3개의 나누기 회로는 모두 동일하므로, 동일한 회로를 사용하고, 입력을 3개의 회로에 입력된 값을 중첩한 $x^3+x^4+x^6$의 벡터 형태인 (0001101)를 동일 회로의 입력으로 사용하고 $g(x)$로 나눈 나머지를 계산하면, 다음과 같다.

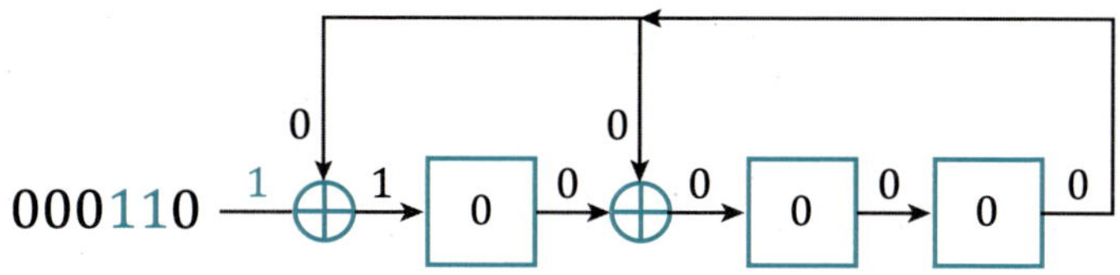

이제는 계산 시간 단축을 위하여, $x^3 \bmod g(x)=(1+x)$의 회로를 약간 변형하여 입력이 시프트 레지스터의 맨 오른쪽에 입력되게 구성하고, 시프트 레지스터 값을 모두 0으로 초기화하면,

Initialization

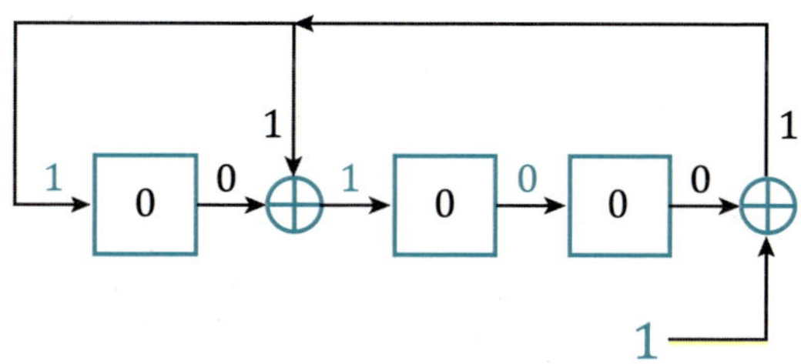

의 회로가 된다. 그리고 클록 1에 입력 비트 1이 회로의 맨 오른쪽에 입력되어 계산된 결과는

Clock 1

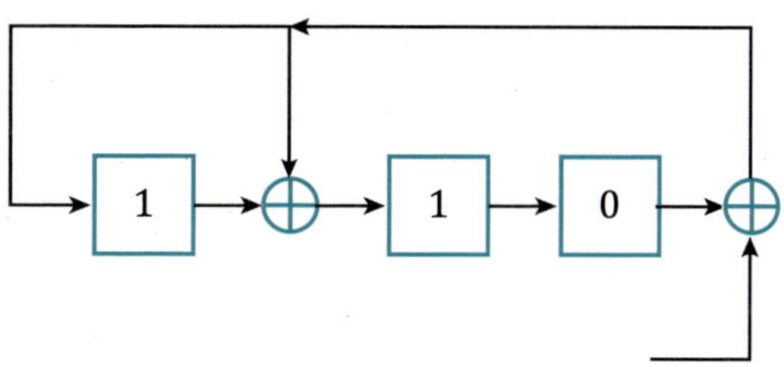

이 된다. 회로의 맨 오른쪽에 1이 입력되어 계산되는 것은 $x^3 \bmod g(x)$과 동일한 연산이다. 따라서, 결과는 $(1+x)=(110)$이 된다. 왜냐하면, 회로의 $n-k=3$ 비트 입력 값은 모두 "0"이기 때문에, 초기의 $n-k$ 클록의 연산은 단순히 시프트 레지스터를 오른쪽 시프트하는 것에 불과하다. 즉, 회로의 시프트 레지스터의 값을 오른쪽으로 한 번 시프트하는 것은 시프트 레지스터의 다항식에 x를 곱하는 연산과 동일한 것이다. 따라서 시프트 레지스터의 맨 오른쪽에 정보 비트를 입력하는 방식으로 계산 시간을 단축시킨다. 이와 같은 원리로

$$x^4 \bmod g(x) = (011)$$
$$x^6 \bmod g(x) = (101)$$

를 동일한 회로를 사용하여 구할 수 있다. 따라서, $x^3 m(x) \bmod g(x)$는 $x^3 m(x)$을 그림 6.7의 나누기 회로의 오른쪽에 입력하여 구하면 된다.

예제 6.5

생성다항식이 $g(x)=1+x+x^3$이고, (7,4) 순회부호의 정보어가 $\mathbf{m}=(0010)$인 경우, 조직형태의 순회부호를 계산하자. 먼저 다음과 같은 회로의 맨 오른쪽에 정보 비트를 입력하고, 시프트 레지스터 값을 모두 0으로 초기화한다.

- 회로 초기화: 시프트 레지스터 값 all zeros

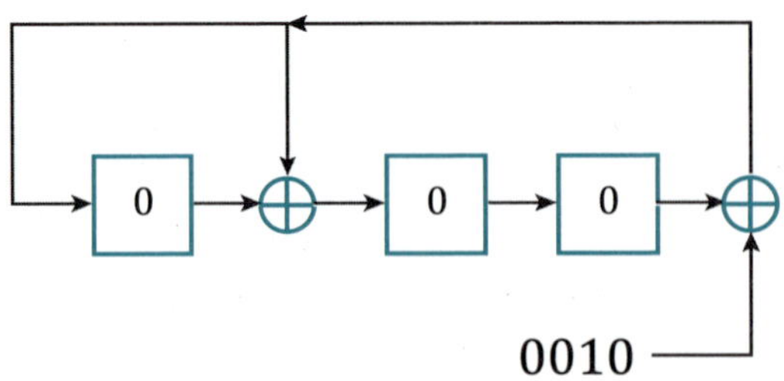

그리고, 클록 1,2,3,4 동안 회로를 동작시키면, 다음과 같다.

- 클록 1:

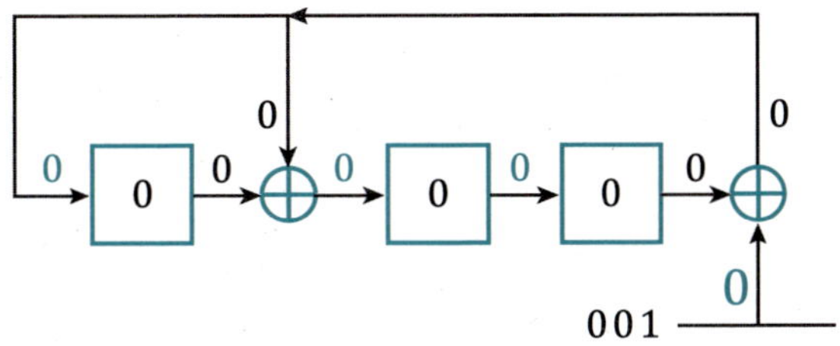

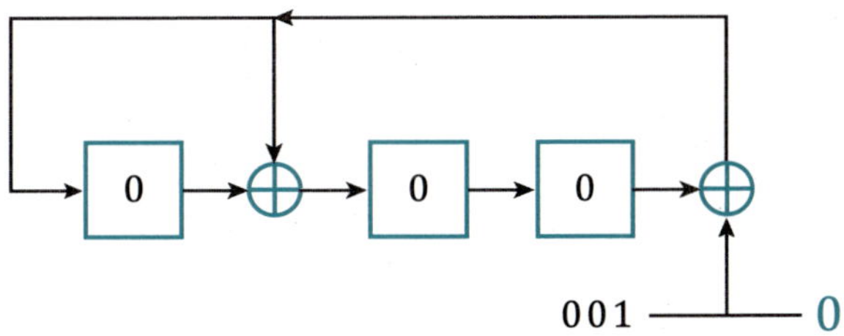

- 클록 2:

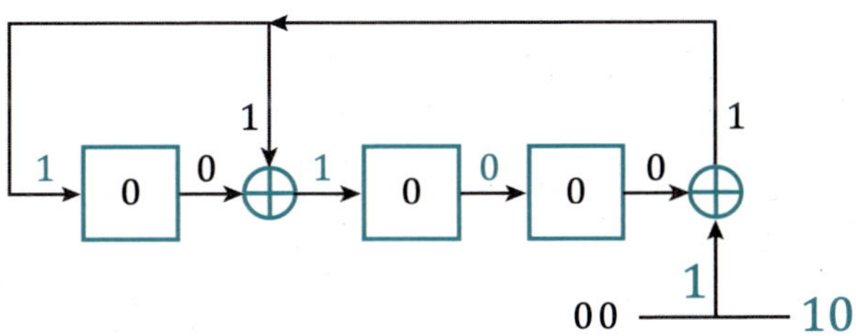

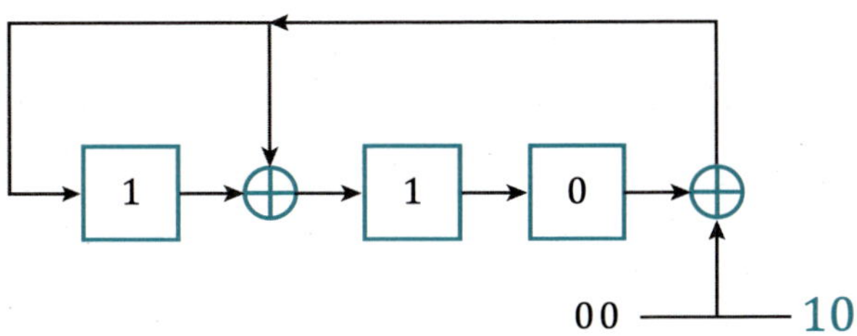

- 클록 3:

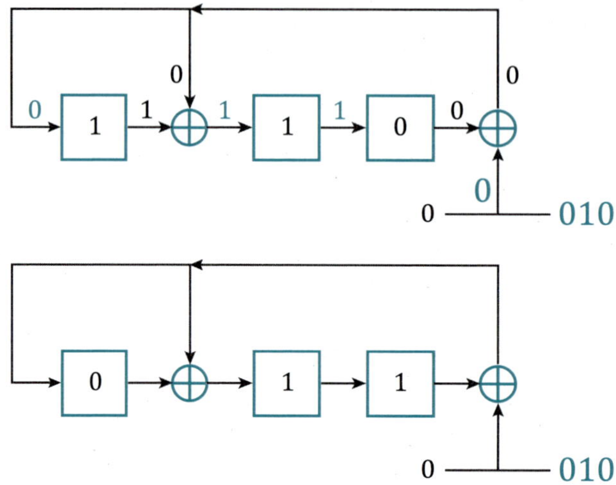

- 클록 4:

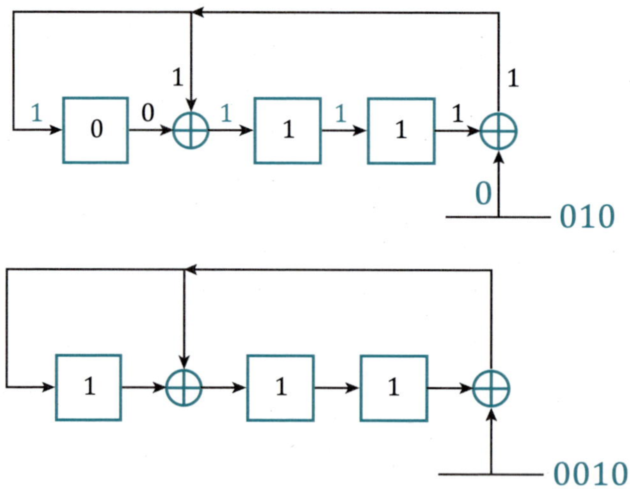

이렇게 구해진 나누기 결과는 패리티 비트가 된다. 표 6.3은 지금까지 입력된 정보 비트에 따른 회로의 시프트 레지스터와 출력 값의 변화를 보여주고 있다. 회로의 시프트 레지스터에 저장된 나머지가 추가로 출력되어 조직형태의 부호어

$$\mathbf{c} = (1110010)$$

가 된다. 표 6.3의 마지막 열은 회로의 귀환 값이다.

일반적으로, $x^{n-k}m(x)$를 $g(x)$로 나누면 몫은 $a(x)$, 나머지는 $b(x)$이고, $n-k=3$이므로,

$$x^3 m(x) = a(x)\,g(x) + b(x)$$

이다. 몫인 $a(x)$는 회로의 귀환 벡터 (1010)의 다항식인

$$a(x) = 1 + x^2$$

가 된다.

표 6.3 $\mathbf{m}$=(0010)인 경우 순회부호기 시프트 레지스터 내용 변화

타이밍	입력 비트	시프트 레지스터	출력	귀환
초기화		0 0 0		
클록 1	0	0 0 0	0	0
클록 2	1	1 1 0	1	1
클록 3	0	0 1 1	0	0
클록 4	0	1 1 1	0	1
클록 5		1 1	1	
클록 6		1	1	
클록 7			1	

이외의 다른 정보벡터도 동일한 방법으로 구할 수 있다. 다음은 몇 가지 정보벡터에 대하여 구해진 조직형태의 순회부호어이다.

$$\mathbf{m} = (1101) \rightarrow \mathbf{c} = (1001101)$$

$$\mathbf{m} = (0101) \rightarrow \mathbf{c} = (1100101)$$

$$\mathbf{m} = (1010) \rightarrow \mathbf{c} = (0011010)$$

$$\mathbf{m} = (1000) \rightarrow \mathbf{c} = (0110100)$$

$$\mathbf{m} = (1100) \rightarrow \mathbf{c} = (1011100)$$

6.3 순회부호의 쌍대부호 및 패리티 검사행렬

최고차수가 $n-k$인 $g(x)$를 (n,k) 순회부호의 생성다항식으로 정하면,

$$x^n + 1 = h(x)g(x)$$

이 되고, 차수가 k인 다항식 $h(x)$는 패리티 검사다항식

$$h(x) = h_0 + h_1 x + \cdots + h_{k-1}x^{k-1} + h_k x^k$$

이 되고 $h_0=h_k=1$이다. k 비트의 길이를 갖는 정보벡터를 최고차수가 $k-1$인 다항식 $a(x)$으로 표현하면, 부호다항식은

$$c(x) = a(x)g(x)$$

가 된다. 만약 부호다항식에 패리티 검사다항식을 곱하면,

$$\begin{aligned} c(x)h(x) &= a(x)g(x)h(x) \\ &= a(x)(x^n + 1) \\ &= a(x) + x^n a(x) \end{aligned}$$

이 된다. $a(x)$의 차수는 $k-1$ 이하이므로, $a(x)+x^n a(x)$에는

$$x^k, x^{k+1}, \cdots, x^{n-1}$$

항이 존재하지 않으므로,

$$\textstyle\sum_{i=0}^{k} h_i c_{n-i-j} = 0,\ \ 1 \le j \le n-k \tag{6.9}$$

이 성립하게 된다. 그림 6.8은 식 (6.9)의 부호벡터와 패리티 검사벡터의 관계를 시각화

한 것이다. 여기서, 부호벡터와 패리티 검사벡터의 콘볼루션 결과는 항상 영이 됨을 알 수 있다.

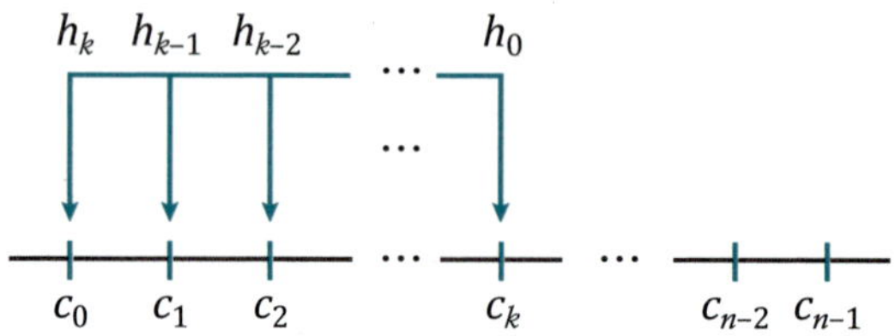

그림 6.8 패리티 검사다항식과 부호다항식의 콘볼루션 관계

그리고 $x^n+1=g(x)h(x)$이고, x를 x^{-1}로 치환하면,

$$x^{-n}+1=g(x^{-1})h(x^{-1})$$

이다. 그리고 다시 양변에 x^n을 곱하면,

$$\begin{aligned} x^n+1 &= x^n g(x^{-1})h(x^{-1}) \\ &= g^*(x)h^*(x) \end{aligned}$$

이다. 여기서, $g^*(x)$와 $h^*(x)$는 각각 $g(x)$와 $h(x)$의 상반다항식(reciprocal polynomial)이라 불리며, 다음 식으로 정의된다.

$$\begin{aligned} g^*(x) &= x^{\deg(g(x))}g(x^{-1}) \\ &= x^{n-k}g(x^{-1}) \\ &= g_{n-k}+g_{n-k-1}x+\cdots+g_0x^{n-k} \end{aligned}$$

$$\begin{aligned} h^*(x) &= x^{\deg(h(x))}h(x^{-1}) \\ &= x^k h(x^{-1}) \\ &= h_k+h_{k-1}x+\cdots+h_0x^k \end{aligned}$$

$h^*(x)$는 x^n+1의 인자이고, 차수가 k이므로, $(n,n-k)$ 순회부호의 생성다항식이 될 수 있다. 따라서, 다음의 행렬을 이용하여 $(n,n-k)$ 순회부호를 생성할 수 있다.

$$\mathbf{H} = \begin{bmatrix} h^*(x) \\ xh^*(x) \\ \vdots \\ x^{n-k-1}h^*(x) \end{bmatrix}$$

$$= \begin{bmatrix} h_k & h_{k-1} & \cdots & \cdots & h_0 & 0 & 0 & \cdots & 0 \\ 0 & h_k & h_{k-1} & \cdots & h_1 & h_0 & 0 & \cdots & 0 \\ \vdots & \vdots & \vdots & \vdots & \vdots & \vdots & \vdots & \vdots & \vdots \\ 0 & 0 & \cdots & \cdots & 0 & h_k & h_{k-1} & \cdots & h_0 \end{bmatrix}$$

부호벡터와 패리티 검사벡터의 콘볼루션 결과는 0이므로, 생성다항식이 $g(x)$인 (n,k) 순회부호 C의 모든 부호어는 행렬 $\mathbf{H}$의 $(n-k)$개의 모든 행과 직교하므로, 이 행렬을 (n,k) 순회부호 C의 패리티 검사행렬이라 한다. 따라서 $h(x)$를 부호 C의 패리티 검사다항식이라 부른다. 그러므로 (n,k) 선형순회부호 $C=(g(x))$의 쌍대부호(dual code)는 $(n,n-k)$ 선형순회부호

$$C_d = \left(h^*(x)\right)$$

가 된다. C의 부호어 $\mathbf{x}$와 C_d의 부호어 $\mathbf{y}$ 두 벡터의 내적은

$$< \mathbf{x}, \mathbf{y} > = \sum_{i=0}^{n-1} x_i y_i = 0$$

으로 0이고, 두 부호어는 직교하게 된다.

예제 6.6

$C=\langle g(x)\rangle$, $g(x)=1+x+x^3$으로 정의되는 (7,4) 순회부호를 고려하자. 그러면 $x^7+1=g(x)h(x)$이므로, 패리티 검사다항식은

$$h(x)=1+x+x^2+x^4$$

이다. 그리고 $h(x)$의 상반다항식은

$$h^*(x)=1+x^2+x^3+x^4$$

이므로, 패리티 검사행렬은

$$\mathbf{H}'=\begin{pmatrix}1011100\\0101110\\0010111\end{pmatrix}$$

이며, 이 행렬에 기초적 행 연산을 수행하면

$$\mathbf{H}=\left(\begin{array}{c|c}100&1011\\010&1110\\001&0111\end{array}\right)$$

의 조직형태가 된다. 따라서 이에 해당하는 조직형태의 생성행렬은

$$\mathbf{G}=\left(\begin{array}{c|c}110&1000\\011&0100\\111&0010\\101&0001\end{array}\right)$$

이다. 이 생성행렬은 (7,4) 해밍부호의 생성행렬과 동일함을 알 수 있다. 즉, (7,4) 해밍부호는 생성다항식이 $g(x)=1+x+x^3$인 순회부호이다.

6.4 순회부호의 오류검출

송신부호에 잡음이 부가된 경우를 고려하자. 그리고 오류다항식을 $e(x)$라 하면,

$$e(x) = e_b(x) + e_m(x)x^{n-k}$$

로 표기된다. 그림 6.9는 패리티 부분에 발생한 오류 $e_b(x)$와 정보어 부분에 발생한 오류 $e_m(x)$를 시각적으로 표현한 것이다.

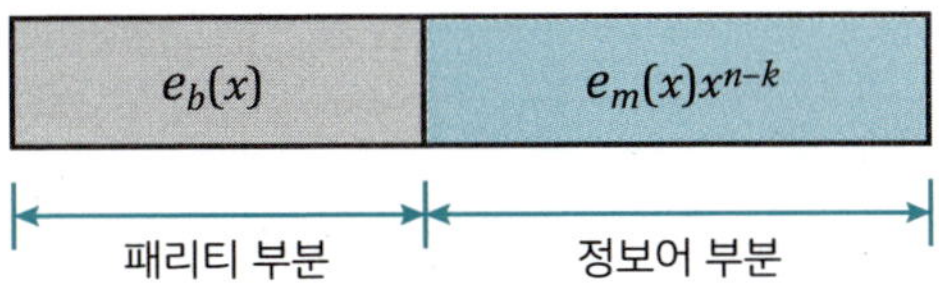

그림 6.9 오류벡터의 구조

그러면 오류 $e(x)$가 포함된 수신벡터의 다항식은

$$\begin{aligned} r(x) &= c(x) + e(x) \\ &= b(x) + e_b(x) + m(x)x^{n-k} + e_m(x)x^{n-k} \\ &= b(x) + e_b(x) + (m(x) + e_m(x))x^{n-k} \end{aligned}$$

의 패리티 부분과 정보어 부분으로 나누어지며, 시각적으로 나타내면 그림 6.10과 같다.

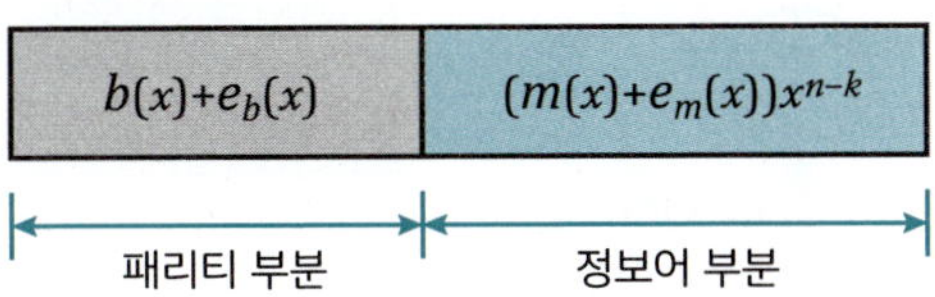

그림 6.10 수신벡터의 구조

모든 부호어는 반드시 $g(x)$로 나누어지므로, $r(x)$를 $g(x)$로 나눈 나머지가 오류신드롬이다. 그리고 $b(x)+e_b(x)$는 차수가 $n-k-1$ 이하이므로, 오류신드롬은 $(m(x)+e_m(x))x^{n-k}$을 $g(x)$로 나눈 나머지에 $b(x)+e_b(x)$를 더한

$$\begin{aligned} r(x)\mathrm{mod}g(x) &= b(x) + e_b(x) + \left((m(x) + e_m(x))x^{n-k}\right)\mathrm{mod}g(x) \\ &= s(x) \end{aligned}$$

이 된다. 그림 6.3의 생성다항식 $g(x)$를 이용한 순회부호 발생 회로의 맨 오른쪽에

$$(m(x) + e_m(x))x^{n-k}$$

를 입력하여 구한 결과는

$$\left((m(x) + e_m(x))x^{n-k}\right)\mathrm{mod}g(x)$$

가 된다. 즉, 수신벡터의 상위 k비트를 순회부호 발생 회로에 입력하여 구한 결과와 수신벡터의 하위 $n-k$비트를 더한 결과가 오류신드롬

$$s(x) = r(x)\mathrm{mod}g(x)$$

이 되며, 그림 6.11과 같은 방법으로 이를 구현할 수 있다.

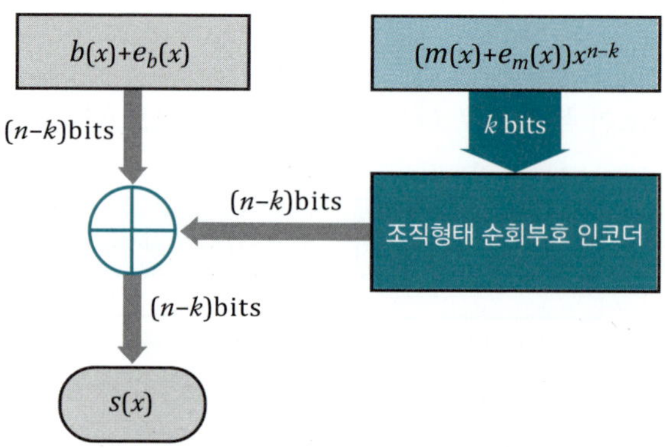

그림 6.11 오류신드롬 계산 방법

순회부호에서는 송신단에서 부호어 발생에 사용된 동일한 회로를 수신단에서 오류신드롬 계산에 그대로 사용할 수 있는 장점이 있다.

정리 6.6

신드롬을 $s(x)=r(x) \bmod g(x)$이라 하고, $s^{[1]}(x)=xs(x) \bmod g(x)$라 하자. 그러면, $s^{[1]}(x)=r^{(1)}(x) \bmod g(x)$이다.

증명 $r(x)=r_0+r_1x+\cdots+r_{n-1}x^{n-1}$이므로,

$$
\begin{aligned}
xr(x) &= r_{n-1}+r_0x+r_1x^2+\cdots+r_{n-2}x^{n-1}+(r_{n-1}x^n-r_{n-1}) \\
&= r^{(1)}(x)+r_{n-1}(x^n+1)
\end{aligned}
$$

따라서,

$$
\begin{aligned}
r^{(1)}(x) &= r_{n-1}(x^n+1)+xr(x) \\
&= r_{n-1}g(x)h(x)+xr(x)
\end{aligned}
$$

이다. 그리고 $r(x)=a(x)g(x)+s(x)$로 표현되므로,

$$
\begin{aligned}
r^{(1)}(x) &= r_{n-1}g(x)h(x)+x\big(a(x)g(x)+s(x)\big) \\
&= g(x)\big(r_{n-1}h(x)+xa(x)\big)+xs(x)
\end{aligned}
$$

의 관계식이 성립한다. 양변을 $g(x)$로 나누어 나머지를 취하면,

$$
r^{(1)}(x) \bmod g(x) = xs(x) \bmod g(x) = s^{[1]}(x)
$$

예제 6.7

생성다항식이 $g(x)=1+x+x^3$인 (7,4) 순회부호를 고려하자. 송신 부호어가 $\mathbf{c}=(1110010)$이고, 오류벡터가 $\mathbf{e}=(0001000)$인 경우 수신벡터는 $\mathbf{r}=(1111010)$가 되며, 오류신드롬 계산 결과는

$$\mathbf{s}=(011)$$

이고, $\mathbf{s}^{[1]}=(011)$, $\mathbf{s}^{[2]}=(111)$, $\mathbf{s}^{[3]}=(101)$이다.

정리 6.7

(n,k) 순회부호는 길이가 $n-k$ 이하인 모든 연집(burst) 오류를 검출할 수 있으며, end-around 형태도 포함한다.

증명 $e(x)$를 $n-k$ 이하의 연속적인 위치에서 발생한 (n,k) 순회부호의 발생 오류라 하자. 그리고, $E(x)$를 차수가 $n-k-1$ 이하인 다항식이라 하면, $E(x)$의 차수는 $g(x)$의 차수보다 작아 $g(x)$로 나누어지지 않으므로,

$$E(x)\mathrm{mod}g(x)=s(x)\neq 0$$

이다. 그리고 $g(x)$는 x^n+1의 인수이므로, x^i는 $g(x)$와 서로소이다. 따라서 $g(x)$는 $x^iE(x)$, $0\leq i\leq n-1$를 나누지 못하고

$$\begin{aligned}x^iE(x)\mathrm{mod}g(x)&=E^{(i)}(x)\mathrm{mod}g(x)\\&=x^is(x)\mathrm{mod}g(x)\\&\neq 0\end{aligned}$$

이다. 그리고,

$$e(x) = E^{(i)}(x), 0 \leq i \leq n-1$$

이므로, 길이가 $n-k$ 이하인 모든 연속적인 오류를 검출할 수 있다. 그리고 오류 유형은 end-around 연집 오류형태를 의미한다.

예를 들어, (15,7) 순회부호의 오류벡터 $\mathbf{e}=(\overline{11001}0000000\overline{101})$는

$$e(x) = E^{(12)}(x)$$

$$E(x) = 1 + x^2 + x^3 + x^4 + x^7$$

으로 표현되는 end-around 연집 오류형태이다.

정리 6.8

길이가 $n-k+1$인 연집 발생 오류형태 중에서 오류를 검출할 수 없는 비율은 $2^{-(n-k-1)}$이다.

정리 6.9

$l>n-k+1$인 경우, 길이가 l인 연집 발생 오류형태 중에서 오류를 검출할 수 없는 비율은 $2^{-(n-k)}$이다.

6.5 순회부호의 오류정정

순회부호의 복호는 다음과 같은 3단계로 구성된다. 1단계로 수신벡터에 대한 신드롬을 계산하여 오류의 발생 여부를 판단한다. 그리고 2단계로 발생 오류 유형을 파악하고, 마지막 3단계로 해당 오류를 정정한다.

부호다항식은 $c(x)=a(x)g(x)$이고, 수신벡터는 $r(x)=c(x)+e(x)$의 다항식 형태로 표현된다. 오류신드롬다항식 $s(x)=r(x)\bmod g(x)$의 값이 영이면, 오류가 발생하지 않은 것이고, 그렇지 않으면 오류가 발생한 것으로 판단한다.

예를 들어, $g(x)=1+x+x^3$로 생성된 (7,4) 순회부호를 고려하자. 단일 오류가 발생한 경우에 가능한 모든 7가지의 오류다항식에 해당하는 신드롬다항식은 표 6.4와 같다.

표 6.4 $g(x)=1+x+x^3$로 생성된 (7,4) 순회부호의 신드롬다항식

오류벡터	신드롬다항식
(0000000)	0
(1000000)	1
(0100000)	x
(0010000)	x^2
(0001000)	$1+x$
(0000100)	$x+x^2$
(0000010)	$1+x+x^2$
(0000001)	$1+x^2$

오류정정은 다음과 같은 절차로 이루어진다. 먼저, 수신부호다항식에서 신드롬다항식을 계산한다. 그리고 신드롬다항식에 해당하는 오류벡터를 수신벡터에 더하여 오류를 정정하면 된다. 예를 들어, $\mathbf{c}=(0010111)$에 오류벡터 $\mathbf{e}=(0000001)$가 부가되어 수

신부호다항식이 $r(x)=x^2+x^4+x^5$인 경우, 계산된 신드롬다항식은 $s(x)=1+x^2$이 된다. 따라서 이에 해당하는 오류벡터 $\mathbf{e}=(0000001)$를 수신벡터에 더하면, 발생 오류는 정정되어 원래의 송신 부호벡터 $\mathbf{c}=(0010111)$는 정상 복호된다.

6.6 CRC

(n,k) 순회부호 C에서 길이가 k인 정보벡터의 상위 l개의 비트가 모두 영인 경우 정보어다항식은

$$m(x) = m_0 + m_1 x + \cdots + m_{k-l-1} x^{k-l-1}$$

으로 표현된다. 이러한 2^{k-l}개의 정보벡터로 생성된 순회부호 C'은 C의 부분 집합이며, $(n-l,\ k-l)$ 부호가 된다. 이 부호를 단축순회부호(shortened cyclic code)라 칭한다. 따라서 단축순회부호의 최소거리는 원래 순회부호의 최소거리 이상이 됨을 쉽게 알 수 있다. 그리고 단축순회부호의 부호 및 복호화는 원래 순회부호의 부호기 및 복호기를 사용하여 구현될 수 있다. 왜냐하면, 제거된 상위 l개의 정보 비트는 패리티 검사 비트 생성 및 신드롬 계산에 영향을 주지 않기 때문이다. 단축순회부호 C'는 제거된 상위 l개의 정보 비트 때문에 순회부호의 특성을 만족하지 않지만, 원래 순회부호에서 구해진 부호이므로, 단축순회부호라 칭한다. 이러한 단축순회부호는 오류검출용으로 주로 많이 사용되며, 일반적으로 CRC(Cyclic Redundancy Check) 부호라 불린다.

예제 6.8

$(n,k)=(31,26)$ 순회부호, $g(x)=1+x^2+x^5$인 경우를 고려하자. 만약 $l=16$이면, $(n-l,k-l)=(15,10)$ 단축순회부호가 된다. 만약 $\mathbf{m}=(0111101110)$이면, 계산된 패리티 비트는 00111이므로, 단축순회부호는 다음과 같다.

$$\mathbf{c} = (001110111101110)$$

그림 6.12는 CRC를 오류검출용으로 사용하여 정보를 전송하는 일반적인 프레임 구조를 나타낸다.

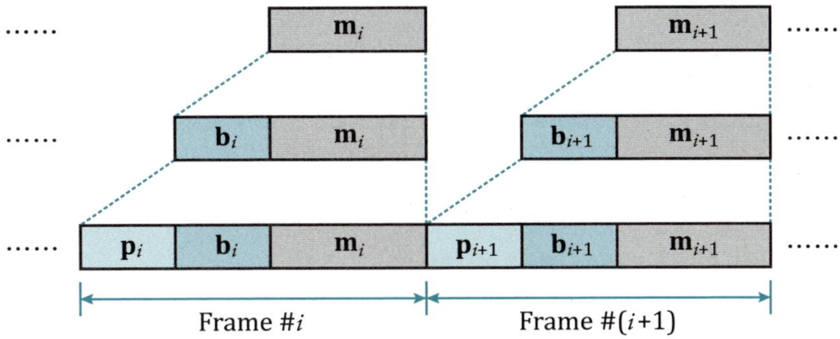

그림 6.12 프레임 구조

$\mathbf{m}_i$는 전송하고자 하는 Frame #i의 정보 비트 부분이다. 그리고 생성다항식을 사용하여 구한 오류검출용 CRC b_i를 추가한다. 그 다음, 오류정정용 패리티 검사 비트 부분인 $\mathbf{p}_i$를 추가하여 Frame #i를 전송한다.

예제 6.9

$g(x)=1+x^5+x^{12}+x^{16}$는 x^n+1, $n=2^{15}-1$를 나눈다. 순회부호의 성질에 의하여 $g(x)$를 생성다항식으로 하는 길이가 $n=2^{15}-1=32,767$인 순회부호가 존재한다. 이 순회부호의 패리티 비트의 길이는 $n-k=\deg(g(x))=16$이므로, 정보 비트의 길이는 32,751이다. 하지만 전송하고자 하는 정보 비트의 길이가 24비트인 경우 상위 32,751−24=32,727 비트를 모두 영으로 처리하여 구한 16비트의 패리티를 더하여 부호의 길이가 24+16=40인 (40,24) 단축순회부호를 생성할 수 있다. 이 경우, 수신된 40비트의 정보 중에서 16비트 이상의 모든 형태의 연집 오류를 검출할 수 있다.

이동통신 cdma2000 시스템에서는 다음과 같은 8비트, 12비트, 16비트의 3가지의 생성다항식을 사용하여 CRC를 생성한다 [13].

$$g_8(x) = 1 + x + x^3 + x^4 + x^7 + x^8$$
$$g_{12}(x) = 1 + x + x^4 + x^8 + x^9 + x^{11} + x^{12}$$
$$g_{16}(x) = 1 + x + x^2 + x^5 + x^6 + x^{11} + x^{14} + x^{15} + x^{16}$$

이 시스템에서는 이를 Frame Quality Indicator라 부른다. 왜냐하면, 프레임 오류의 발생 여부를 CRC를 이용하여 판단하기 때문이다.

3GPP LTE(Long Term Evolution) 이동통신시스템에서 사용되는 8비트, 16비트, 24비트 A형태, 24비트 B형태의 4가지 유형의 생성다항식을 사용하여 CRC를 생성한다 [15].

$$g_8(x) = 1 + x + x^3 + x^4 + x^7 + x^8$$
$$g_{16}(x) = 1 + x^5 + x^{12} + x^{16}$$
$$g_{24-A}(x) = 1 + x + x^3 + x^4 + x^5 + x^6 + x^7 + x^{10} + x^{11} + x^{14} + x^{17} + x^{18} + x^{23} + x^{24}$$
$$g_{24-B}(x) = 1 + x + x^5 + x^6 + x^{23} + x^{24}$$

3GPP의 5G 이동통신시스템에서 사용되는 6비트, 11비트, 16비트, 24비트의 A, B, C 형태의 6가지 유형의 생성다항식을 사용하여 CRC를 생성한다 [16].

$$g_6(x) = 1 + x^5 + x^6$$
$$g_{11}(x) = 1 + x^5 + x^9 + x^{10} + x^{11}$$
$$g_{16}(x) = 1 + x^5 + x^{12} + x^{16}$$
$$g_{24-A}(x) = 1 + x + x^3 + x^4 + x^5 + x^6 + x^7 + x^{10} + x^{11} + x^{14} + x^{17} + x^{18} + x^{23} + x^{24}$$
$$g_{24-B}(x) = 1 + x + x^5 + x^6 + x^{23} + x^{24}$$
$$g_{24-C}(x) = 1 + x + x^2 + x^4 + x^8 + x^{12} + x^{13} + x^{15} + x^{17} + x^{20} + x^{21} + x^{23} + x^{24}$$

6.7 골레이부호

완전부호인 (23,12) 골레이부호와 모든 부호어가 짝수의 해밍중을 갖는 (24,12) 확장 골레이부호의 채널 인코딩과 디코딩에 대하여 설명한다 [22]–[23].

6.6.1 골레이부호 채널 인코딩

$x^{23}+1$는 다음과 같이 인수분해 된다.

$$\begin{aligned}x^{23}+1 &= (1+x)q(x)n(x)\\ &= (1+x)(1+x^2+x^4+x^5+x^6+x^{10}+x^{11})(1+x+x^5+x^6\\ &\quad +x^7+x^9+x^{11})\end{aligned}$$

생성다항식을 $q(x)$으로 하는 길이가 23인 순회부호를 (23,12) 골레이부호라 한다. 이 부호의 최소거리는 7이며, 3개의 오류비트까지 정정할 수 있다. 골레이부호의 해밍구는

$$S_i^{(3)} = \{r|d_H(r,c) \le 3\}$$

이며, 해밍구의 크기는

$$V(n,t) = \left|S_i^{(3)}\right| = \sum_{j=0}^{3}\binom{n}{j}, 0 \le i \le 2^{12}-1$$

이다. 그리고 각각의 계산된 해밍구의 크기는

$$\sum_{j=0}^{3}\binom{23}{j} = 1+23+\binom{23}{2}+\binom{23}{3}2^{11} = 2^{n-k}$$

이다. 따라서,

$$\sum_{i=0}^{2^{12}-1} \left|S_i^{(3)}\right| = 2^{12} \times V(23,3) = 2^{12} \times 2^{11} = 2^{23}$$

이므로, 완전부호이다. 골레이부호는 완전부호의 조건을 만족하는 우수한 부호로서, 다양한 분야에서 아직도 많이 응용되고 있다.

6.6.2 골레이부호 채널 디코딩

Golay 부호의 복호는 신드롬 복호법을 사용하면 된다. 예를 들어, 모든 가능한 3개 이하의 오류패턴, 즉, 정정 가능한 오류패턴은 모두

$$\sum_{i=1}^{3} \binom{23}{i} = 2047$$

이며, 이에 대한 신드롬을 미리 계산하며, 메모리에 저장한다. 그리고 수신벡터의 신드롬을 계산하여, 해당 신드롬에 해당하는 오류패턴을 수신벡터와 더하여 오류를 정정한다.

오류정정능력을 초과하여 수신 (23,12) 골레이부호에 해밍중이 4인 임의의 오류벡터 $\mathbf{e}^4 \in E_4$가 발생하였다고 하자. 여기서, E_4는 길이가 23인 해밍중이 4인 모든 가능한 벡터이다. (23,12) 골레이부호는 완전부호이므로, 수신벡터 $\mathbf{r}$은 송신부호어 $\mathbf{c}$와 다른 부호어 $\mathbf{c}'$의 해밍구에 속하게 되어,

$$\mathbf{r} = \mathbf{c} + \mathbf{e}_4 = \mathbf{c}' + \mathbf{e}$$

이 된다.

여기서, $\mathbf{e}$는 해밍중이 3 이하인 오류벡터이다. 그리고

$$\mathbf{e} = \mathbf{c} + \mathbf{c}' + \mathbf{e}_4 = \mathbf{c}'' + \mathbf{e}_4$$

이므로, 이원부호의 해밍중 특성에 의하여

$$w(\mathbf{e}) = w(\mathbf{c}'' + \mathbf{e}_4) \geq |w(\mathbf{c}'') - w(\mathbf{e}_4)|$$

의 관계식이 성립한다. 여기서, $w(\mathbf{c}'') \geq 7$이므로, $w(\mathbf{e}) \geq 3$이다. 그런데, $\mathbf{e}$의 해밍중은 3 이하이므로, $w(\mathbf{e})=3$이다. 즉, 4개의 오류가 발생하면, 다른 부호어로 추정하여 복호 오류가 발생한다. 그림 6.13은 (23,12) 골레이부호 신드롬 복호 BER 성능을 나타낸다. MLD에 비하여 대략 2dB의 성능 열화가 있음을 알 수 있다.

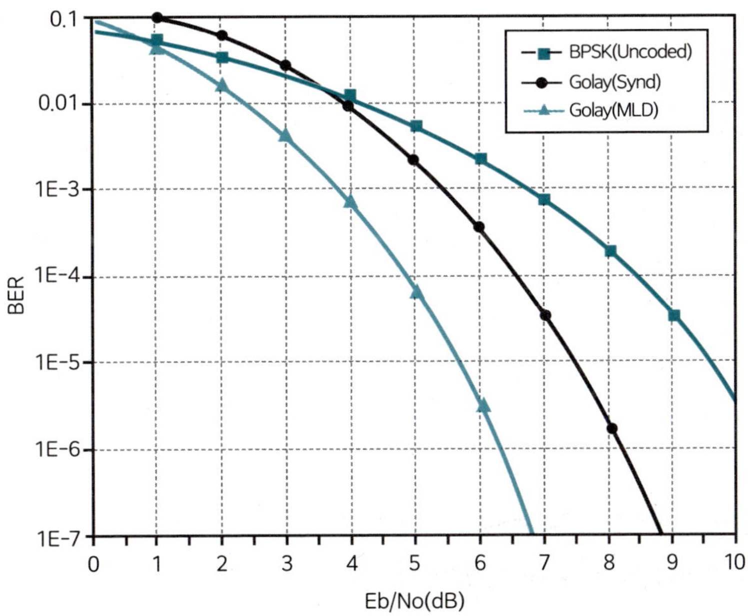

그림 6.13 골레이부호 오류신드롬 기반 복호 성능

6.6.3 확장 골레이부호

(23,12) 골레이부호에 한 개의 짝수 패리티 비트를 추가하면, 그림 6.14의 (24,12) 확장 골레이부호가 된다 [23].

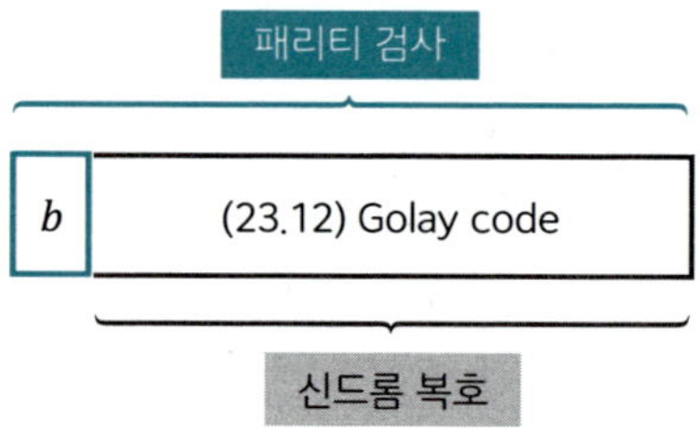

그림 6.14 (24,12) 확장 골레이부호 구조

(24,12) 확장 골레이부호의 해밍중은 항상 짝수이므로, 오류의 개수가 홀수이면, 패리티 검사결과가 $s_c=1$, 발생 오류의 개수가 짝수이면, 패리티 검사결과는 $s_c=0$가 된다.

확장 골레이부호는 최소거리가 8이므로, 3개의 발생 오류까지 정정하고, 4개 발생 오류는 검출만 할 수 있다.

3개의 오류까지 발생한 경우는 기존의 (23,12) 골레이부호에 대하여 오류정정을 수행하면 완벽히 오류를 정정할 수 있다.

하지만, 발생 오류가 4개인 경우는 다음의 두 가지로 나누어진다.

- (23,12) 골레이부호 부분에 오류 4개 발생
- (23,12) 골레이부호 부분에 오류 3개 발생+패리티 비트에 오류 발생

먼저, (23,12) 골레이부호 부분에 $\mathbf{e}_4 \in E_4$이 발생한 경우를 고려하자. 여기서, E_4는 해밍중이 4인 모든 가능한 오류벡터를 의미한다. 그러면,

$$\mathbf{r} = \mathbf{c} + \mathbf{e}_4 = \mathbf{c}' + \mathbf{e}$$

이다. (23,12) 골레이부호는 완전부호이므로, 모든 해밍구에 속한 오류벡터의 해밍중은 3 이하이므로, $\mathbf{e}$의 해밍중도 3 이하인 오류벡터가 된다. 그리고,

$$\mathbf{e} = \mathbf{c} + \mathbf{c}' + \mathbf{e}_4 = \mathbf{c}'' + \mathbf{e}_4$$

의 관계식에서, $\mathbf{e}$의 해밍중은

$$w(\mathbf{e}) = w(\mathbf{c}'' + \mathbf{e}_4) \geq |w(\mathbf{c}'') - w(\mathbf{e}_4)|$$

이다.

(23,12) 골레이부호의 최소거리는 7이므로, $w(\mathbf{c}'') \geq 7$이고, $w(\mathbf{e}) \geq 3$이다. 그런데, 실제로 $w(\mathbf{e}) \leq 3$이므로, $w(\mathbf{e}) = 3$이 된다. 따라서 이 경우는 원래 전송한 부호가 아닌 다른 부호어 $\hat{\mathbf{c}} = \mathbf{c}' \neq \mathbf{c}$로 복호된다. 그런데, 실제로 오류가 짝수 개(4개) 발생하였으므로, $s_c = 0$이다. 이는 모순되므로 오류정정을 수행하지 않고, 검출만 수행하고 중단한다.

이제는 (23,12) 골레이부호 부분에 오류 3비트가 발생하고, 패리티 비트 부분에 한 개의 오류가 발생한 경우를 고려하자. 이 경우도 (23,12) 부분에 대하여 오류검출 개수가 3개라고 판단하는데, 계산된 짝수 패리티 검사결과는 $s_c = 0$이므로, 총 4개의 오류가 발생한 것이 되어, 오류검출만 수행하고 중단한다.

따라서, (24,12) 확장 골레이부호의 복호 알고리즘은 다음과 같이 정리된다.

① (24,12) 확장 골레이부호에 대한 짝수 패리티 검사($s_c = 1$, $s_c = 0$)

② (23,12) 골레이부호에 대하여 오류신드롬 계산

③ (23,12)의 오류신드롬으로부터 오류 발생 개수가 2개 이하이면, (23,12) 골레이부호 부분에 대하여 오류정정을 수행하고 복호 종료

④ $s_c = 1$이고, (23,12)의 오류신드롬으로부터 발생 오류 개수가 3개이면, 오류정정 수행 및 복호 종료(오류가 3개 발생한 경우에 해당)

⑤ $s_c = 0$이고, (23,12)의 오류신드롬으로부터 발생 오류 개수가 3개이면, 오류검출만 수행하고 복호 종료(오류가 4개 발생한 경우에 해당)

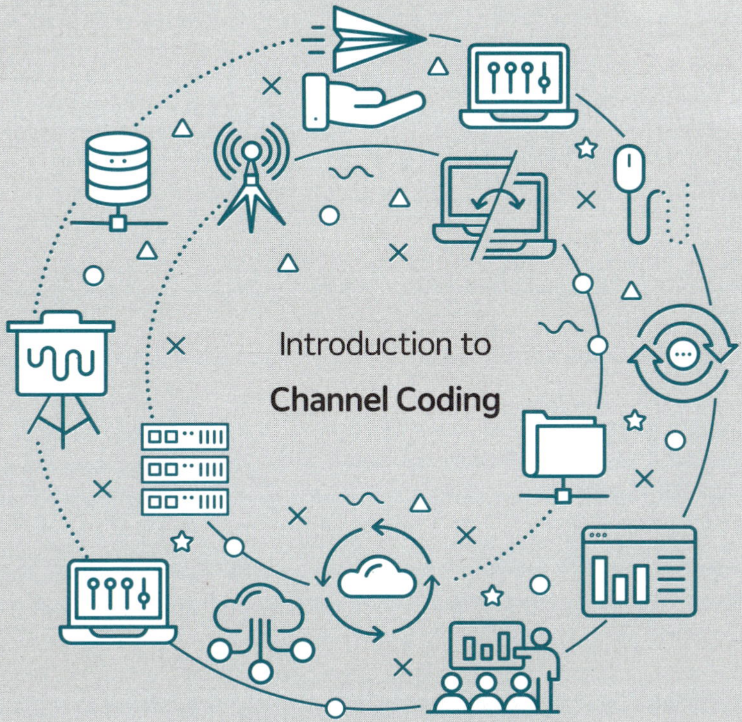

CHAPTER

7

최우도복호 및 격자도 표현

구 성

7.1 BSC 채널에서의 MLD

7.2 가우시안 채널에서의 MLD

7.3 블록부호의 격자도 표현

BSC와 AWGN 채널을 통하여 수신된 수신벡터로부터 송신 부호어를 최적으로 선택하는 최우도복호법(MLD: Maximum Likelihood Decoding)에 대하여 설명한다 [24]–[26]. 그리고 선형블록부호의 격자도 표현과 MLD를 예제 중심으로 설명한다.

7.1 BSC 채널에서의 MLD

BSC 채널에서 경판정된 수신벡터 **r**의 MLD는 다음과 같은 절차로 이루어진다. 먼저 (n,k) 부호의 모든 가능한 부호어 **c**에 대한 조건부 확률 $\mathrm{P}(\mathbf{r}|\mathbf{c})$를 구한다. 그 다음 가장 큰 조건부 확률 값을 갖게 하는 부호어 **c**를 실제로 전송된 부호어로 결정한다. 따라서 MLD는

$$\hat{\mathbf{c}} = \arg\max_{\mathbf{c}\in C}[\mathrm{P}(\mathbf{r}|\mathbf{c})]$$

의 조건을 만족하는 부호어 $\hat{\mathbf{c}}$를 찾는 것과 동일하다. BSC 채널에서 천이확률을 p라 하면 조건부 확률은

$$\mathrm{P}(\mathbf{r}|\mathbf{c}) = p^{d(\mathbf{r},\mathbf{c})}(1-p)^{n-d(\mathbf{r},\mathbf{c})}$$

이며, $d(\mathbf{r},\mathbf{c})$는 두 벡터 $\mathbf{r},\mathbf{c}$ 사이의 해밍거리이다. 그리고 이 식의 양변에 로그를 취하면

$$\begin{aligned}\log\big(\mathrm{P}(\mathbf{r}|\mathbf{c})\big) &= d(\mathbf{r},\mathbf{c})\log p + \big(n - d(\mathbf{r},\mathbf{c})\big)\log(1-p) \\ &= d(\mathbf{r},\mathbf{c})\log\left(\frac{p}{1-p}\right) + n\log(1-p)\end{aligned}$$

이 된다. 여기서, $n\log(1-p)$는 상수항이다. 천이확률은 $p<1/2$이므로

$$\log\left(\frac{p}{1-p}\right) < 0$$

이다. 따라서 $\log(\mathrm{P}(\mathbf{r}|\mathbf{c}))$은 $d(\mathbf{r},\mathbf{c})$에 대한 단조감소 함수가 되고,

$$\mathrm{P}(\mathbf{r}|\mathbf{c}_1) > \mathrm{P}(\mathbf{r}|\mathbf{c}_2) \leftrightarrow d(\mathbf{r},\mathbf{c}_1) < d(\mathbf{r},\mathbf{c}_2)$$

의 관계가 성립하게 된다. 그러므로 BSC에서의 MLD는 가능한 모든 부호어 중에서 수신벡터와 해밍거리가 가장 가까운 것을 실제 전송 부호어로 선택하는 최소거리 복호 방법이 된다.

7.2 가우시안 채널에서의 MLD

가장 널리 사용되는 가우시안 채널에서의 BPSK 동기 복조를 고려하자. (n,k) 부호의 부호벡터 $\mathbf{c}$의 i번째 부호비트 c_i는

$$x_i = \begin{cases} \sqrt{E_s}\,, & c_i = 0 \\ -\sqrt{E_s}\,, & c_i = 1 \end{cases}$$

으로 변환되고, 여기에 평균이 0이고 분산이 $\sigma^2 = \frac{N_0}{2}$인 가우시안 잡음 n_i가 부가되어 수신벡터 $\mathbf{r}$의 i번째 수신부호비트 r_i는

$$r_i = x_i + n_i$$

이 된다고 등가적으로 해석할 수 있다. 여기서, E_s는 부호비트의 에너지이며, N_0는 편측전력밀도스펙트럼(one-sided power density spectrum)이다.

여기서 수신벡터의 가우시안 잡음의 각 샘플은 서로 독립적이므로 $\mathbf{r}$과 모든 가능한 부호어 $\mathbf{c}$에 대한 조건부 확률 $\mathrm{P}(\mathbf{r}|\mathbf{c})$는

$$\begin{aligned} \mathrm{P}(\mathbf{r}|\mathbf{c}) &= \prod_{i=0}^{n-1} \frac{1}{\sqrt{2\pi\sigma^2}} \exp\left[-\frac{(r_i - x_i)^2}{2\sigma^2}\right] \\ &= \left(\frac{1}{\sqrt{2\pi\sigma^2}}\right)^n \exp\left[-\sum_{i=0}^{n-1} \frac{(r_i - x_i)^2}{2\sigma^2}\right] \end{aligned}$$

이 된다. 여기서, $\left(\frac{1}{\sqrt{2\pi\sigma^2}}\right)^n$은 상수항이므로, $\mathrm{P}(\mathbf{r}|\mathbf{c})$은 수신벡터와 변조된 부호어 사이의 유클리디언 거리

$$d_E^2 = \sum_{i=0}^{n-1} (r_i - x_i)^2$$

에 대하여 단조감소 함수이다. 따라서, $\mathrm{P}(\mathbf{r}|\mathbf{c})$는 d_E^2가 최소가 될 때 최대가 된다. 즉,

AWGN 채널에서는 가능한 모든 부호어 중에서 수신벡터와 유클리디언 거리가 가장 가까운 것을 실제로 전송된 부호어로 선택하는 최소유클리디언 거리 복호법이 MLD인 것이다. 유클리디언 거리는

$$d_E^2 = \sum_{i=0}^{n-1}\left(r_i^2 - 2r_ix_i + x_i^2\right)$$
$$= \sum_{i=0}^{n-1}\left(r_i^2 + x_i^2\right) - 2\sum_{i=0}^{n-1} r_ix_i$$

으로 표현될 수 있으며, 이 식의 첫 번째 항 $\sum_{i=0}^{n-1}\left(r_i^2 + x_i^2\right)$은 상수항이다. 따라서, $\sum_{i=0}^{n-1} r_ix_i$이 최대가 될 때, 유클리디언 거리가 최소가 되어, P(**r**|**c**)가 최대가 된다. 그리고 이 값은 수신벡터와 부호의 상관 값이므로 상관평가량이라 한다.

따라서 AWGN 채널에서의 MLD는 상관평가량이 최대가 되는

$$\hat{\mathbf{x}} = \arg\max_{\mathbf{c}\in C}\left[\sum_{i=0}^{n-1} r_ix_i\right]$$

의 조건을 만족하는 $\hat{\mathbf{x}}$를 변조되어 송신된 부호어로 추정하는 것과 동일하다.

상관평가량은 다시 다음과 같이 표현될 수 있다.

$$\sum_{i=0}^{n-1} r_ix_i = \sum_{i:r_ix_i\geq 0} r_ix_i + \sum_{i:r_ix_i<0} r_ix_i$$
$$= \sum_{i:r_ix_i\geq 0} |r_i| - \sum_{i:r_ix_i<0} |r_i|$$
$$= \sum_{i:r_ix_i\geq 0} |r_i| + \sum_{i:r_ix_i<0} |r_i| - 2\times\sum_{i:r_ix_i<0} |r_i|$$
$$= \sum_{i} |r_i| - 2\times\sum_{i:r_ix_i<0} |r_i|$$

여기서, $\sum_i |r_i|$은 상수항이며, $\sum_{i:r_i x_i<0} |r_i|$을 모순평가량(discrepancy metric)이라 한다. 상관평가량과 모순평가량 사이에는

$$\arg\max_{\mathbf{x}\in C}\left[\sum_{i=0}^{n-1} r_i x_i\right] = \arg\min_{\mathbf{x}\in C}\left[\sum_{i:r_i x_i<0} |r_i|\right]$$

의 관계가 성립한다. 즉, P(**r**|**c**)를 최대로 하는 MLD는 모순평가량을 최소로 하는 부호어를 추정하는 것과 동일하다. 따라서 다음이 성립한다.

$$\begin{aligned}\arg\max_{\mathbf{c}\in C}[\mathrm{P}(\mathbf{r}|\mathbf{c})] &= \arg\min_{\mathbf{x}\in C}[d_E^2]\\ &= \arg\max_{\mathbf{x}\in C}\left[\sum_{i=0}^{n-1} r_i x_i\right]\\ &= \arg\min_{\mathbf{x}\in C}\left[\sum_{i:r_i x_i<0} |r_i|\right]\end{aligned}$$

7.3 블록부호의 격자도 표현

선형블록부호의 패리티 검사행렬 특성을 이용한 격자도 표현에 대하여 설명한다. 격자도 상의 모든 경로는 유효한 부호어가 됨을 보인다. 그리고 격자도를 이용한 MLD 구현에 대하여 설명한다 [24].

7.3.1 반복부호의 격자도 표현

예를 들어, $n=5$인 경우 반복부호의 생성행렬은

$$g(x) = \sum_{i=0}^{n-1} x^i = \sum_{i=0}^{4} x^i = x^4 + x^3 + x^2 + x + 1$$

이다. 그리고 $g(x) | (x^5+1)$이다. 이 부호의 생성행렬과 패리티 검사행렬은 다음과 같다.

$$\mathbf{G} = [11111]$$

$$\mathbf{H} = \begin{bmatrix} 10001 \\ 01001 \\ 00101 \\ 00011 \end{bmatrix}$$

그리고

$$S_0 = (0000)$$
$$S_1 = (1000)$$
$$S_2 = (1100)$$
$$S_3 = (1110)$$
$$S_4 = (1111)$$

라 둔다. 그리고 (5,1) 반복부호를 격자도로 표현하면, 다음과 같다.

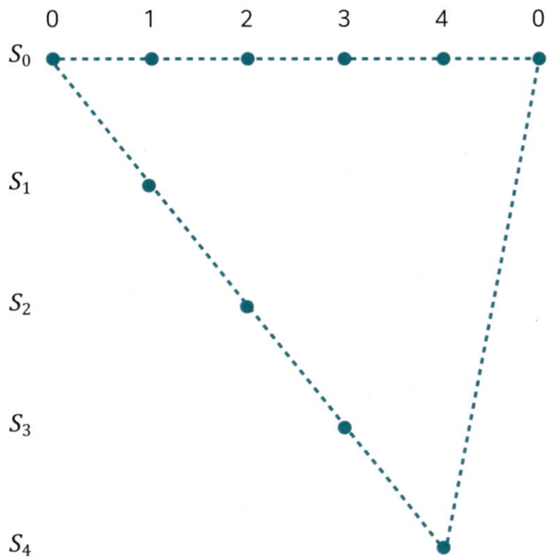

여기서, 실선으로 표시된 가지는 부호비트가 0인 경우이며, 굵은 점선의 가지는 출력 부호비트가 1인 경우이다. 출력이 모두 0인 경로는 (00000)의 부호어에 해당하며, 출력이 모두 1인 경로는 (11111)의 부호어에 해당한다.

7.3.2 패리티 검사부호의 격자도 표현

$(n,k)=(5,4)$ 짝수 패리티 검사부호의 생성다항식은 $g(x)=(1+x)$이다. 그리고,

$$r_0 = x \bmod (x+1) = 1$$
$$r_1 = x^2 \bmod (x+1) = 1$$
$$r_2 = x^3 \bmod (x+1) = 1$$
$$r_3 = x^4 \bmod (x+1) = 1$$

이므로, 생성행렬은

$$\mathbf{G} = \begin{bmatrix} 11000 \\ 10100 \\ 10010 \\ 10001 \end{bmatrix}$$

가 된다. 그리고 패리티 검사행렬은

$$\mathbf{H} = [11111]$$

이다. 상태를

$$S_0 = 0$$
$$S_1 = 1$$

이라 하면, (5,4) 짝수 패리티 검사부호의 격자도는 그림 7.1과 같다.

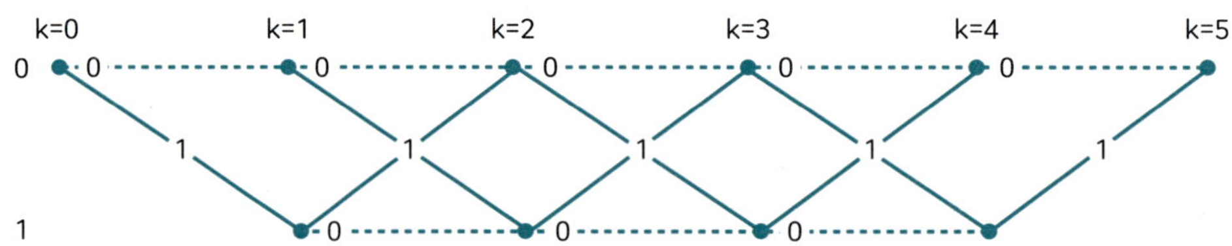

그림 7.1 길이가 5인 단일 패리티 검사부호의 격자도

여기서, 실선으로 표시된 가지는 부호비트가 1인 경우이며, 굵은 점선의 가지는 출력 부호비트가 0인 경우이다. 격자도의 경로가 짝수 패리티 검사부호가 된다. 그림 7.2는 좀 더 일반적인 $(n, n-1)$ 단일 패리티 검사부호인 경우의 격자도 표현이다.

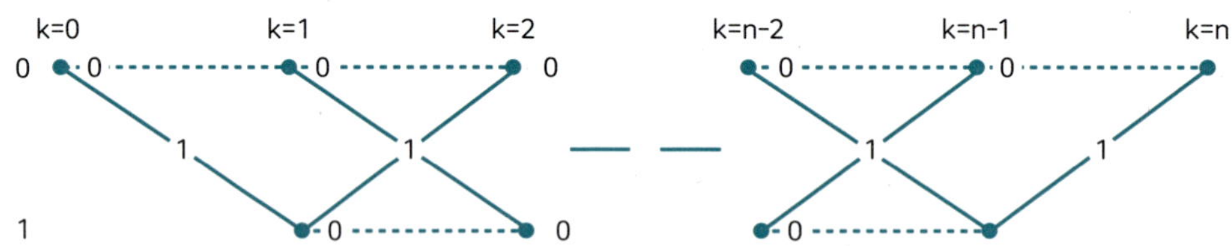

그림 7.2 단일 패리티 검사부호의 격자도

7.3.3 선형블록부호의 격자도 표현

다음과 같은 알고리즘으로 선형블록부호를 격자도로 표현 가능하다. 이는 $\mathbf{C}\times\mathbf{H}^T=0$의 조건을 만족하는 격자도 상의 경로를 찾는 과정이다. 격자도 상의 경로는 부호어에 해당한다.

- 1단계: 격자도 초기 상태: $\boldsymbol{s}_0(0)$ (길이가 $(n-k)$인 영벡터)
- 2단계: $k=0,1,\cdots,(n-1)$인 경우, 시점 $(k+1)$에서의 상태: $\boldsymbol{s}_l(k+1)=\boldsymbol{s}_i(k)+\alpha_j\boldsymbol{h}_k$, $i\in I_k$, $j=0,1,\cdots,(q-1)$, $\mathrm{I}_k\in\{0,1,\cdots,(q^{(n\text{-}k)}-1)\}$
- 3단계: 최종 상태가 영벡터가 아닌 경로는 모두 제거한다. 그리고 끊어진 노드에 연결된 모든 가지를 제거한다.

(5,2) 단축 해밍부호를 예를 들어 설명한다. 이 부호의 생성행렬과 패리티 검사행렬은 다음과 같다.

$$\mathbf{G}=\begin{bmatrix}10110\\01011\end{bmatrix}$$

$$\mathbf{H}=\begin{bmatrix}10100\\11010\\01001\end{bmatrix}$$

이 경우, $n=5$이고, $n-k=3$이므로, 상태의 수가 8개이고, 깊이가 5인 그림 7.3의 격자도로, (5,2) 선형부호를 표현할 수 있다.

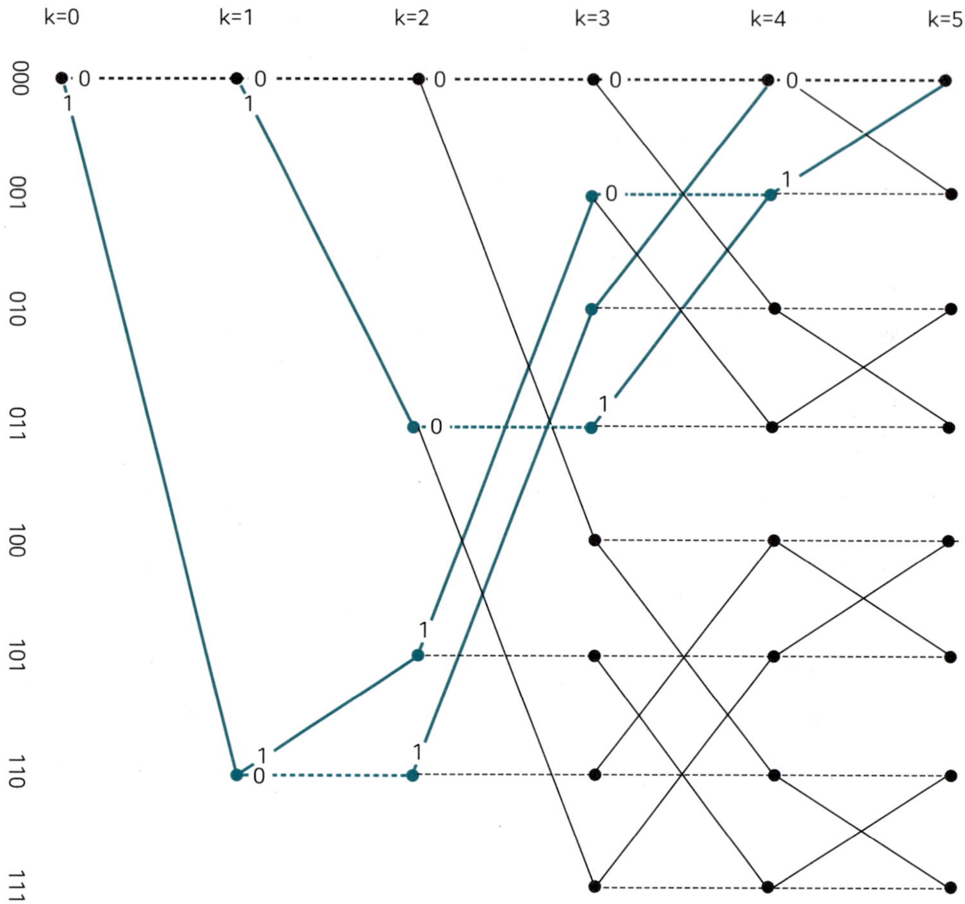

그림 7.3 가지치기 이전의 (5,2) 단축 해밍부호의 격자도

점선은 입력 비트가 0인 경우이고, 실선은 1인 경우의 가지에 해당된다. 가는 선과 가는 점선으로 표시된 가지는 제로 상태로 수렴하지 않은 경로의 가지이다. 이러한 제로 상태로 수렴하지 않는 경로의 가지를 모두 제거한 격자도는 그림 7.4와 같다.

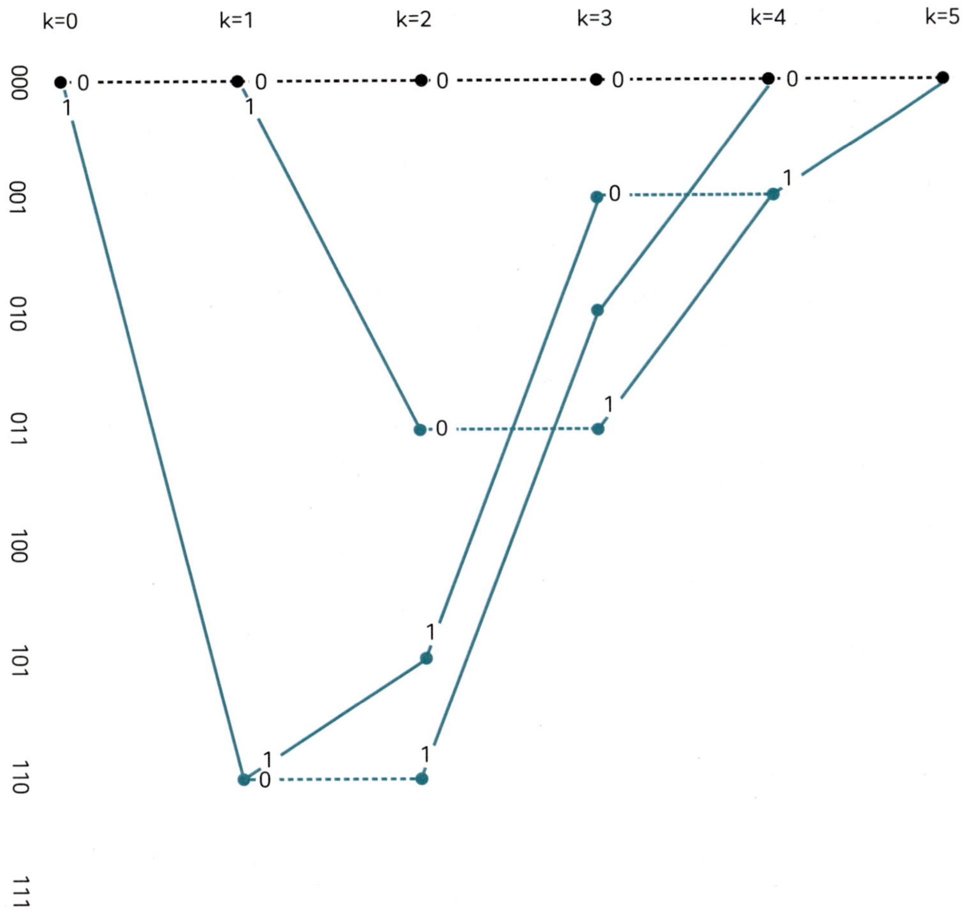

그림 7.4 (5,2) 단축 해밍부호의 격자도

격자도의 모든 경로는 4개이며, 각각의 경로는 부호어 (00000), (01011), (10110), (11101)에 해당된다.

7.3.4 격자도를 사용한 최우도복호

격자도를 이용한 최우도복호를 (5,4) 단일 패리티 부호를 사용하여 설명한다. (5,4) 단일 패리티 부호가 $b=1-2a$, $a=\{0,1\}$의 형태로 양극 부호로 변환되어 전송되고 AWGN 채널을 통과하여 $(-3,-2,4,1,-4)$로 수신된 경우를 고려하자. 그림 7.5는 7.1의 (5,4) 단일 패리티 부호의 최우도복호과정을 설명하고 있다.

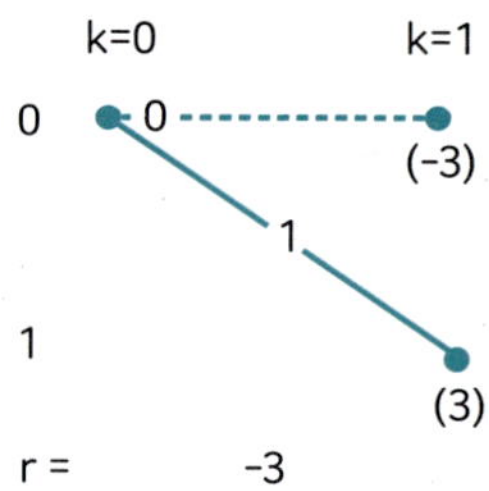

Step 1

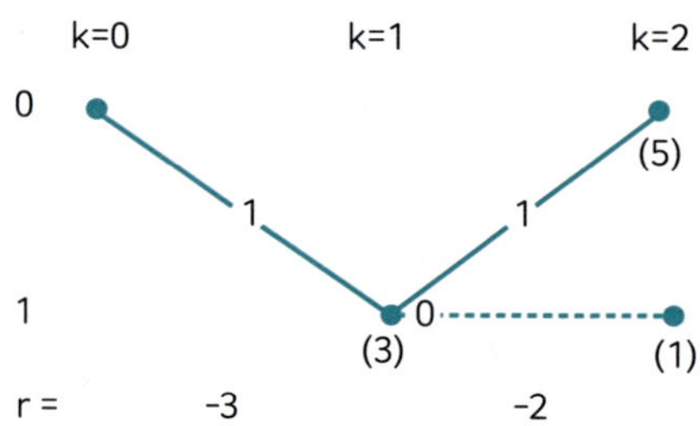

Step 2

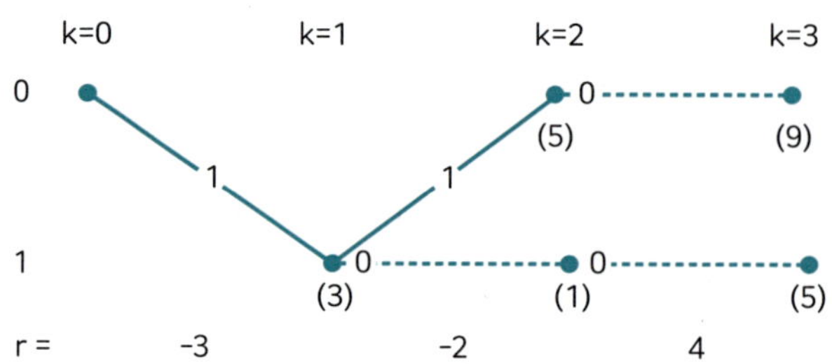

Step 3

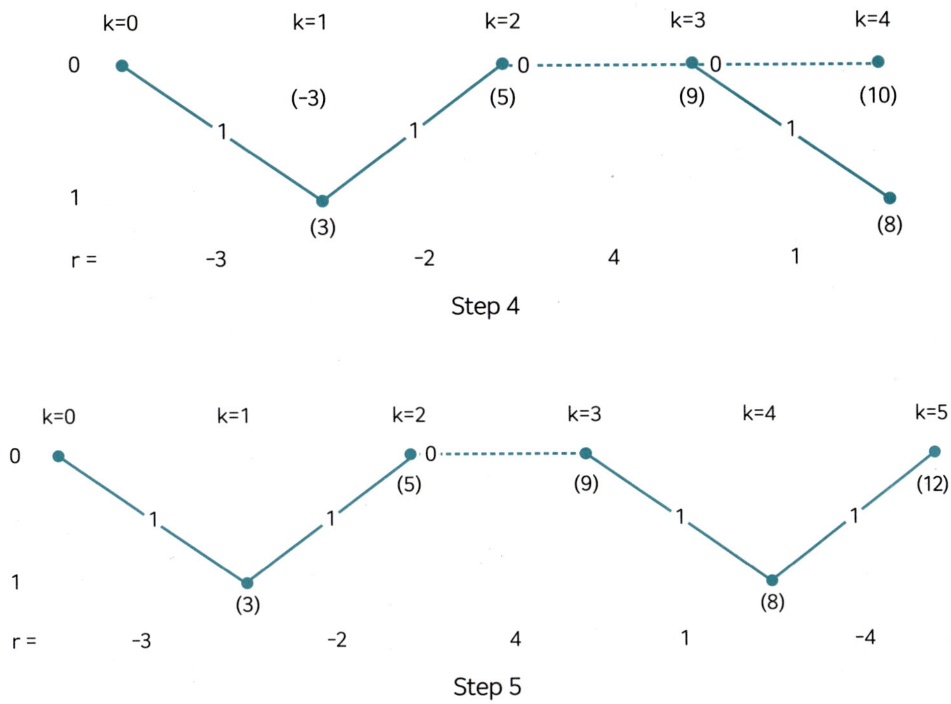

그림 7.5 단일 패리티 검사부호 복호과정

경판정인 경우 (11001)로 판정하나, MLD를 수행한 경우는 (11011)로 한 비트의 오류를 정정하게 된다. 2번째 단계의 복호과정에서 부호어의 첫 번째 비트를 "1"로 결정한다. 이는 수신벡터를 모두 수신하지 않고도 부호어의 미리 입력된 비트의 일부를 추정하여 결정할 수 있음을 의미한다. 4번째 단계에서는 부호어의 처음 3비트를 110으로 미리 결정할 수 있다. 그리고 마지막 단계에서는 부호어를 (11011)로 결정한다.

CHAPTER

8

격자부호

구 성

8.1 콘볼루션 부호

8.2 TCM(Trellis Coded Modulation)

1955년 Peter Elias에 의하여 제안된 콘볼루션 부호는 격자도로 잘 표현되는 대표적인 격자부호이다 [27]. 블록부호는 길이가 k인 고정된 길이의 정보어가 입력되어, 길이가 n인 고정된 길이의 부호어가 생성된다. 하지만, 콘볼루션 부호에서는 입력되는 정보계열이 기억소자를 통과하면서, 패리티 부분이 추가되어 부호어가 생성되는 구조를 갖는다.

콘볼루션 부호를 정확히 이해하기 위하여 반드시 알아야 하는 콘볼루션 부호의 구조 및 특성 그리고 최소자유거리, 중분포, 생성행렬 구성 방법, 재앙부호 판별법에 대하여 설명한다 [28]. 7장에서 배운 격자도 표현을 이용한 최우도복호법을 콘볼루션에 적용하여, 부호의 정보계열을 최적으로 추정 복호할 수 있다는 것과 비터비 알고리즘을 이용하면 최우도복호를 매우 효율적으로 구현할 수 있음을 설명한다 [28]–[34]. 정보계열의 길이가 짧은 경우 부호율의 손실을 없앨 수 있는 TB(Tail Biting) 콘볼루션 부호에 대해서도 다룬다 [35]–[36].

1982년 Glttfried Ungerboeck에 의하여 고안된 TCM(Trellis Coded Modulation)에 대하여 다룬다. 변조와 채널코딩을 한꺼번에 수행하는 TCM 부호는, 전송전력이나 대역폭 증가 없이 디지털통신시스템의 성능 향상을 가져올 수 있는 방식이다 [37]–[39]. TCM은 대역 제한된 채널 환경에서 변조와 격자 구조 부호인 콘볼루션 부호를 결합한 우수한 성능의 채널코딩 기법이다. 대역폭의 증가 없이 통신시스템의 성능을 향상시킬 수 있는 TCM 방식은, 1984년 이후부터 ADSL(Asymmetric Digital Subscriber Line) 모뎀, VDSL(Very high–data rate Digital Subscriber Line) 모뎀, CATV(Community Access Television), 이동통신시스템 등에서 널리 사용되기 시작하였다.

8.1 콘볼루션 부호

8.1.1 채널 인코더

i번째 입력 정보계열이 $\mathbf{b}_i, 1 \le i \le k$이고, j번째 출력 부호계열이 $\mathbf{c}_i, 1 \le i \le n$이며, k개의 기억소자로 구성된 콘볼루션 부호기는 그림 8.1과 같다. 콘볼루션 부호기의 i번째 입력 정보계열 $\mathbf{b}_i$는 i번째 기억소자에 연결된다. 기억소자는 시프트 레지스터로 구성된다. m_i를 기억소자 i의 시프트 레지스터 길이라 한다. 그러면, 메모리 차수는 다음과 같이 정의된다.

$$m = \max_{1 \le i \le k} m_i$$

그리고 $(m+1)$를 구속장(constraint length)이라 불린다. $k=1$인 경우, 부호기의 출력 비트는 $(m+1)$개의 입력 비트에 의하여 결정된다.

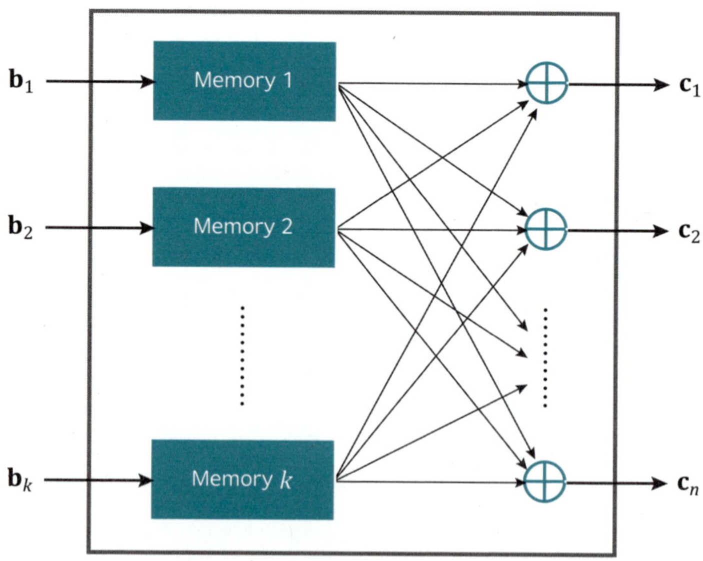

그림 8.1 (n,k,m) 콘볼루션 부호기

(n,k,m) 콘볼루션 부호기는 각각의 시간에 k개의 비트가 입력되어, n개의 비트가 출력되며, 구속장이 m인 콘볼루션 부호를 생성한다. 부호기 전체의 시프트 레지스터 길이는 다음과 같은 합으로 구해지며,

$$M = \sum_{i=1}^{k} m_i$$

이를 전체 구속장(overall constraint length)이라 부른다. 그리고 부호기의 출력은 현재의 k비트와 M개의 이미 입력된 비트에 의존한다. 그리고 (n,k,m) 콘볼루션 부호는 다음과 같은 $k \times n$개의 생성수열로 정의된다.

$$\begin{gathered} \mathbf{g}_1^{(1)}, \mathbf{g}_1^{(2)}, \cdots, \mathbf{g}_1^{(n)} \\ \vdots \\ \mathbf{g}_k^{(1)}, \mathbf{g}_k^{(2)}, \cdots, \mathbf{g}_k^{(n)} \end{gathered}$$

여기서

$$\mathbf{g}_i^{(j)} = \left(g_{i,0}^{(j)} \; g_{i,1}^{(j)} \cdots g_{i,m}^{(j)}\right)$$

는 i번째 입력과 j번째 출력에 해당하는 생성수열이다. 콘볼루션 부호의 출력은 입력과 생성수열과의 콘볼루션으로 다음과 같이 표현된다.

$$\begin{gathered} \mathbf{c}^{(1)} = \mathbf{b}_1 * \mathbf{g}_1^{(1)} + \mathbf{b}_2 * \mathbf{g}_2^{(1)} + \cdots + \mathbf{b}_k * \mathbf{g}_k^{(1)} \\ \vdots \\ \mathbf{c}^{(n)} = \mathbf{b}_1 * \mathbf{g}_1^{(n)} + \mathbf{b}_2 * \mathbf{g}_2^{(n)} + \cdots + \mathbf{b}_k * \mathbf{g}_k^{(n)} \end{gathered} \tag{8.1}$$

콘볼루션은 선형시스템에서 가능하므로, 콘볼루션 부호는 선형부호인 것이다. 따라서 (n,k,m) 콘볼루션 부호는 k개의 $(n,1,m_i), 1 \le i \le k$ 콘볼루션 부호의 중첩

(superposition)으로 구해진다. 그리고 부호어는 각 부호의 출력을 모아서 생성된다.

$$\mathbf{c} = \left(c_0^{(1)} \cdots c_0^{(n)}, c_1^{(1)} \cdots c_1^{(n)}, c_2^{(1)} \cdots c_2^{(n)}, \cdots\right) \tag{8.2}$$

일반적으로 가장 많이 사용되는 콘볼루션 부호는 $k=1$인 $(n,1,m)$ 콘볼루션 부호이다. 앞으로 특별히 언급하지 않으면 콘볼루션 부호는 (n,k,m) 부호를 의미한다. 그림 8.1은 부호율이 $R=1/2$인 콘볼루션 부호기의 구조를 설명하고 있다.

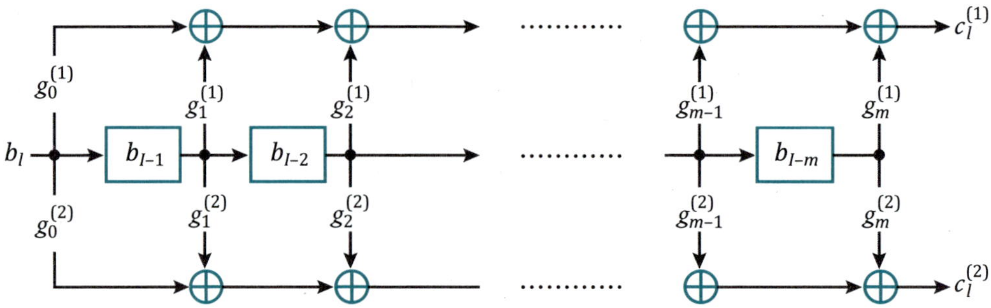

그림 8.2 (2,1,m) 콘볼루션 부호기

그림에서 시프트 레지스터는 m개의 1비트 메모리인 D 플립플롭을 연결하여 구현된다. 그리고, ⊕는 이원가산을 구현하는 X−OR 논리 게이트 소자이다.

예제 8.1

그림 8.3은 생성수열이

$$\mathbf{g}^{(1)} = (101)$$
$$\mathbf{g}^{(2)} = (111)$$

인 $(n,k,m)=(2,1,2)$ 콘볼루션 부호기이다.

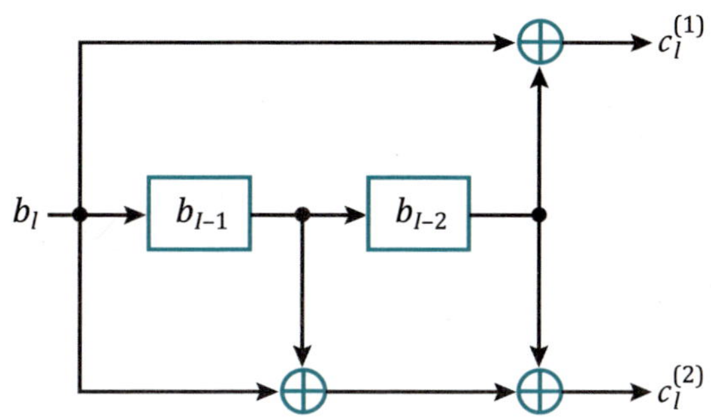

그림 8.3 (2,1,2) 콘볼루션 부호기

그리고 $\mathbf{b}$를 정보계열이라 하면 콘볼루션 부호기의 출력은

$$\mathbf{c}^{(1)} = \mathbf{b} * \mathbf{g}^{(1)} = \left(c_0^{(1)} c_1^{(1)} c_2^{(1)} \cdots\right)$$

$$\mathbf{c}^{(2)} = \mathbf{b} * \mathbf{g}^{(2)} = \left(c_0^{(2)} c_1^{(2)} c_2^{(2)} \cdots\right)$$

이 된다. 출력 부호계열은 현재 입력 비트와 $m=2$개의 과거 입력 값에 의하여 결정되므로, 시점 l에서의 출력 부호비트는 다음과 같다.

$$c_l^{(1)} = b_l + b_{l-2}$$

$$c_l^{(2)} = b_l + b_{l-1} + b_{l-2}$$

그리고, 각 부호비트의 출력을 교대로 출력하면 결과적인 부호어는 다음과 같다.

$$\mathbf{c} = \left(c_0^{(1)} c_0^{(2)}, c_1^{(1)} c_1^{(2)}, \cdots\right)$$

임펄스 입력 $\mathbf{b}=(100\cdots)$에 대한 출력부호는 다음과 같은 생성수열 값이 된다.

$$\mathbf{c} = (11,01,11,00,\cdots)$$

따라서, 생성수열은 콘볼루션 부호의 임펄스 응답인 것이다.

표 8.1은 자주 사용되는 콘볼루션 부호와 해당 부호의 생성수열을 나타낸다 [28], [40]–[42]. 표 8.1의 (a), (b), (c)는 각각 부호율이 1/2, 1/3, 1/4인 경우이다. 그리고 (d), (e)는 부호율이 각각 2/3, 3/4인 경우이다.

표 8.1 콘볼루션 부호의 생성수열

(a) $R=1/2$

m	$\mathbf{g}^{(1)}$	$\mathbf{g}^{(1)}$
2	101	111
3	1101	1111
4	10011	11101
5	101011	111101
6	1011011	1111001
7	10100111	11111001
8	101110001	111101011
9	1001110111	1101100101
10	10011011101	11110110001
11	100011011101	101111010011

(b) $R=1/3$

m	$\mathbf{g}^{(1)}$	$\mathbf{g}^{(2)}$	$\mathbf{g}^{(3)}$
2	101	111	111
3	1011	1101	1111
4	10101	11011	11111
5	100111	101011	111101
6	1011011	1111001	1110101
7	10010101	11011001	11110111

m	$\mathbf{g}^{(1)}$	$\mathbf{g}^{(2)}$	$\mathbf{g}^{(3)}$
8	101101111	110110011	111001001
9	1001001111	1011110101	1110011011
10	10011101011	10110111001	11001111101
11	100111110111	101111010011	110010110101

(c) $R=1/4$

m	$\mathbf{g}^{(1)}$	$\mathbf{g}^{(2)}$	$\mathbf{g}^{(3)}$	$\mathbf{g}^{(4)}$
2	101	111	111	111
3	1011	1101	1101	1111
4	10101	10111	11011	11111
5	101011	110111	111001	111101
6	1011101	1011101	1100111	1110011
7	10011101	10111101	11001011	11101111
8	100110011	101011101	111011011	111100101
9	1001001111	1011110101	1110011011	1110101011
10	10011010111	10011101011	10110111001	11001111101
11	100111110111	101111010011	110010110101	111100101101

(d) $R=2/3$

M	$\mathbf{g}_1^{(1)}$ $\mathbf{g}_2^{(1)}$	$\mathbf{g}_1^{(2)}$ $\mathbf{g}_2^{(2)}$	$\mathbf{g}_1^{(3)}$ $\mathbf{g}_2^{(3)}$
2	(11)	(01)	(11)
	(01)	(10)	(10)
3	(100)	(010)	(110)
	(001)	(100)	(111)
4	(111)	(001)	(100)

M	$\mathbf{g}_1^{(1)}$ $\mathbf{g}_2^{(1)}$	$\mathbf{g}_1^{(2)}$ $\mathbf{g}_2^{(2)}$	$\mathbf{g}_1^{(3)}$ $\mathbf{g}_2^{(3)}$
	(010)	(101)	(111)
5	(1100)	(0110)	(1110)
	(0011)	(1000)	(1111)
6	(1101)	(0110)	(1101)
	(0110)	(1101)	(1111)

(e) $R=3/4$

M	$\mathbf{g}_1^{(1)}$ $\mathbf{g}_2^{(1)}$ $\mathbf{g}_3^{(1)}$	$\mathbf{g}_1^{(2)}$ $\mathbf{g}_2^{(2)}$ $\mathbf{g}_3^{(2)}$	$\mathbf{g}_1^{(3)}$ $\mathbf{g}_2^{(3)}$ $\mathbf{g}_3^{(3)}$	$\mathbf{g}_1^{(4)}$ $\mathbf{g}_2^{(4)}$ $\mathbf{g}_3^{(4)}$
3	(100)	(100)	(100)	(100)
	(000)	(110)	(010)	(100)
	(000)	(010)	(101)	(101)
5	(110)	(010)	(010)	(110)
	(001)	(110)	(000)	(111)
	(000)	(010)	(101)	(101)
6	(110)	(001)	(000)	(111)
	(011)	(100)	(001)	(110)
	(010)	(011)	(111)	(100)
8	(1110)	(0110)	(0100)	(1000)
	(0011)	(1010)	(0000)	(1011)
	(0001)	(0010)	(1111)	(1000)
9	(1000)	(0011)	(0111)	(1100)
	(0001)	(1101)	(0100)	(1110)
	(0111)	(0000)	(1100)	(1101)

W−CDMA, cdma2000 이동통신시스템에서 사용되는 콘볼루션 부호는 부호율이 1/2, 1/3, 1/4, 1/6이며, 구속장은 공통적으로 9이다 [13]−[14]. IEEE 802.16e에서 사용되는 콘볼루션 부호는 부호율이 1/2이고 구속장이 7이다 [43]. LTE(Long Term Evolution)에서 사용되는 콘볼루션 부호는 1/3이고 구속장이 7이다 [15]. 표 8.2는 각 시스템에서 사용되는 생성수열을 정리하여 나타내고 있다. 시스템 구현의 복잡도를 고려하여, 상용 시스템에서는 $k=1$인 콘볼루션 부호를 주로 사용하고 있음을 알 수 있다.

표 8.2 상용 시스템의 콘볼루션 부호 생성수열

<table>
<tr><th>시스템</th><th>생성수열</th><th>R</th></tr>
<tr><td>LTE</td><td>$\mathbf{g}^{(1)}=(1011011)$
$\mathbf{g}^{(2)}=(1111001)$
$\mathbf{g}^{(3)}=(1110101)$</td><td>1/3</td></tr>
<tr><td>IEEE 802.16e</td><td>$\mathbf{g}^{(1)}=(1111001)$
$\mathbf{g}^{(2)}=(1011011)$</td><td>1/2</td></tr>
<tr><td rowspan="2">W-CDMA, cdma2000</td><td>$\mathbf{g}^{(1)}=(101110001)$
$\mathbf{g}^{(2)}=(111101011)$</td><td>1/2</td></tr>
<tr><td>$\mathbf{g}^{(1)}=(101101111)$
$\mathbf{g}^{(2)}-(110110011)$
$\mathbf{g}^{(3)}=(111001001)$</td><td>1/3</td></tr>
<tr><td rowspan="2">cdma2000</td><td>$\mathbf{g}^{(1)}=(111110101)$
$\mathbf{g}^{(2)}=(110111001)$
$\mathbf{g}^{(3)}=(101001011)$
$\mathbf{g}^{(4)}=(100111011)$</td><td>1/4</td></tr>
<tr><td>$\mathbf{g}^{(1)}=(100101111)$
$\mathbf{g}^{(2)}=(111101101)$
$\mathbf{g}^{(3)}=(101101001)$
$\mathbf{g}^{(4)}=(110011111)$
$\mathbf{g}^{(5)}=(110010101)$
$\mathbf{g}^{(6)}=(111010111)$</td><td>1/6</td></tr>
</table>

8.1.2 상태도(state diagram)

(n,k,m) 콘볼루션 채널 인코더의 메모리 값을 상태라 한다. 따라서 2^m가지의 가능한 상태가 존재하게 된다. 천이는 가능한 입력과 이에 해당하는 상태변화를 나타낸다. 그러므로, 각 상태에는 2^k가지의 입력이 있으므로, 상태의 출력에도 동일한 개수의 천이 2^k가지가 있게 된다. 이러한 상태의 변화를 상태도(state diagram)라 하며, 콘볼루션 부호의 상태변화를 자세히 설명한다.

따라서 동일한 메모리 차수 m에 대하여 상태도는 결정되며, 수열에 따라서 상태도가 달라지는 것은 아니다. 단지 생성수열에 의하여 상태에 연결된 가지의 출력이 달라지게 된다.

예제 8.2

그림 8.4는 생성수열이 $\mathbf{g}^{(1)}=(101)$, $\mathbf{g}^{(2)}=(111)$인 그림 8.3의 $(n,k,m)=(2,1,2)$ 콘볼루션 채널 인코더의 상태도를 설명한다. 만약 콘볼루션 채널 인코더의 메모리 값이 "01"이고 입력 비트가 "1"인 경우, 다음 상태는 그림 8.4와 같이 "10"으로 변경된다.

그림 8.4 메모리 값 변화

그리고 이 경우, 출력 비트는 "00"이 된다. 그림 8.5는 이러한 상태변화 및 출력 비트를 설명하고 있다. 한 상태에서 다음 상태로 연결하는 가지 위의 1/00은 입력 비트가 "0"이고 출력 비트가 "00"임을 나타낸다. 그리고 그림 8.6은 모든 경우의 상태변화와 출력을 나타내고 있다.

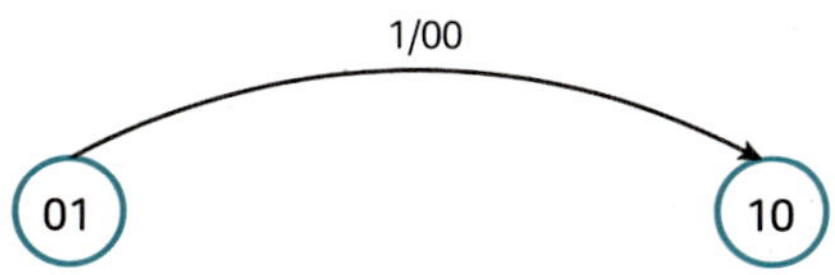

그림 8.5 상태 천이 및 가지 출력

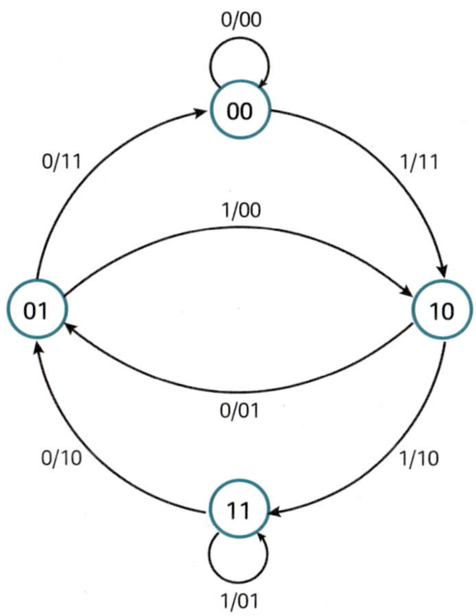

그림 8.6 (2,1,2) 콘볼루션 채널 인코더의 상태도

8.1.3 격자도(trellis diagram)

격자도는 상태도를 일렬로 확장한 것이다. 격자도에는 가지(branch)와 노드(node)가 있다. (n,k,m) 콘볼루션 부호인 경우, 격자도에는 2^m개의 상태가 있으며, 각 상태에 2^k개의 입력과 2^k개의 출력이 있다. 격자도에 사용되는 일반적인 정의는 다음과 같다.

- 시작 상태: 격자도의 초기 노드이며 S_0로 표기
- 경로(path): S_0에서 다른 어떤 노드까지의 가지 계열
- 경로 길이(path length): 어떤 경로를 구성하는 가지의 개수

예제 8.3

예제 8.2의 상태도에서 상태를 다음의 4가지로 정할 수 있다.

$$S_0 = (00)$$
$$S_1 = (10)$$
$$S_2 = (01)$$
$$S_3 = (11)$$

격자도의 초기 상태는

$$S_0 = (00)$$

이다. 그리고 시점 0에서 입력 값이 0이면, 다음 상태는

$$S_0 = (00)$$

이 되며, 가지의 출력 값은 "00"이다. 그리고, 입력 값이 1이면, 다음 상태는

$$S_1 = (10)$$

이며, 가지의 출력 값은 "11"이 된다. 이와 같이 시점 0에서 시점 1까지의 격자도는 그림 8.7과 같다.

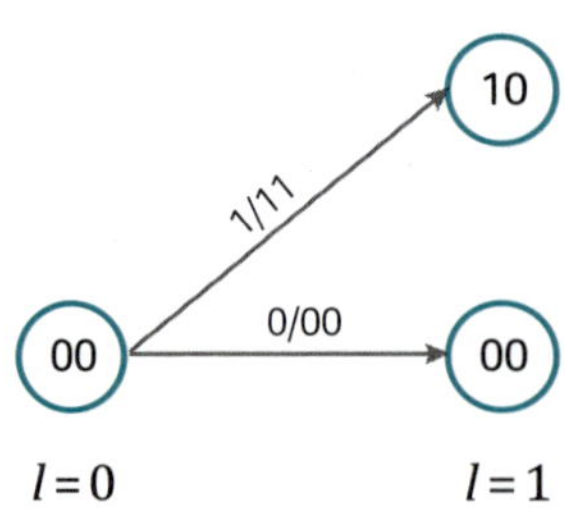

그림 8.7 시점 0에서 1까지 격자도

시점 1에서 상태가 $S_0=(00)$인 경우, 입력 비트의 값이 0과 1인 경우의 격자도는 그림 8.7과 동일하다. 시점 1에서 새로 생성된 상태

$$S_1 = (10)$$

에서 입력 비트의 값이 0인 경우 다음 상태는

$$S_2 = (01)$$

이며, 가지의 출력 값은 "01"이다. 그리고 입력 값이 1이면, 다음 상태는

$$S_3 = (11)$$

이며, 가지의 출력 값은 "10"이다. 이와 같이 시점 1에서 시점 2까지의 격자도를 표현하면 그림 8.8과 같다. 상태의 개수가 2배로 늘어난 것을 확인할 수 있다.

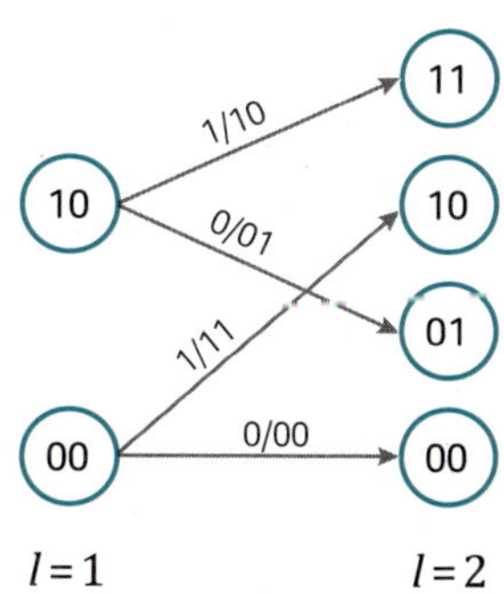

그림 8.8 시점 1에서 2까지 격자도

시점 2에서 새로 생성된 상태

$$S_2 = (01)$$

에서 입력 비트의 값이 0인 경우 다음 상태는 S_0이며, 가지의 출력 값은 "11"이다. 그리

고, 입력 값이 1이면, 다음 상태는 $S_1=(\mathbf{10})$이고, 출력 값은 "00"이 된다. 그리고, 시점 2에서 새로 생성된 다른 상태

$$S_3 = (11)$$

에서 입력 비트의 값이 0인 경우 다음 상태는 $S_2=(\mathbf{01})$이며, 가지의 출력 값은 "10"이다. 그리고, 입력 값이 1이면, 다음 상태는 S_3이고, 출력 값은 "01"이 된다. 이와 같이 시점 2에서 시점 3까지의 격자도를 표현하면 그림 8.9와 같다. 시점

$$l = m = 2$$

이후부터 격자도는 계속 반복된다.

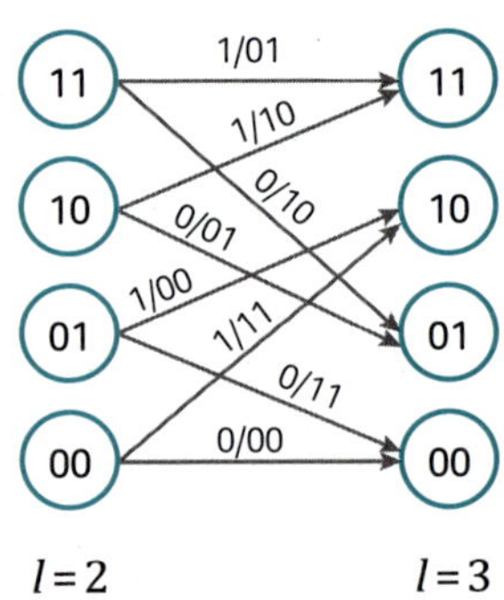

그림 8.9 시점 $l=m=2$에서 $l=m+1=3$까지 격자도

그림 8.10은 완성된 격자도를 보여준다. 격자도의 입력은 가지의 경로에 해당하며, 가지의 출력이 콘볼루션 부호의 출력이다. 따라서, 격자도의 각각의 경로는 유효한 부호어가 된다. 격자도의 별색 화살표로 표시된 경로는 입력 정보열이

$$\mathbf{b} = (01100)$$

에 해당하며, 해당 출력 부호어는 경로의 출력 값인

$$\mathbf{c} = (00,11,10,10,11)$$

이 된다.

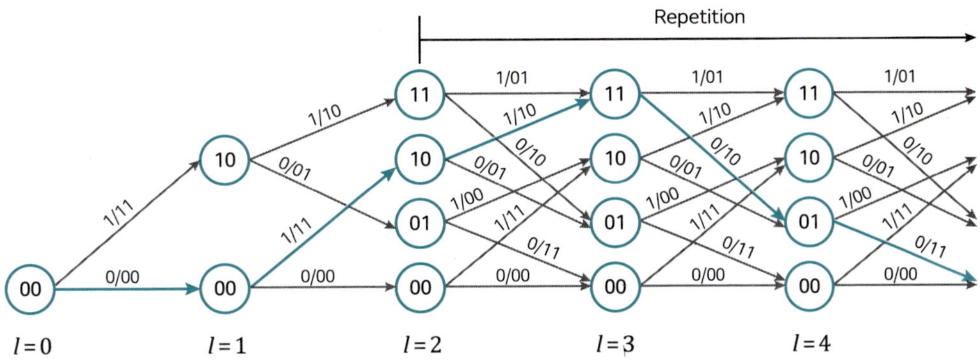

그림 8.10 (2,1,2) 콘볼루션 부호의 격자도

그림 8.11은 격자도의 각 노드에 입력되는 경로의 개수를 설명한다.

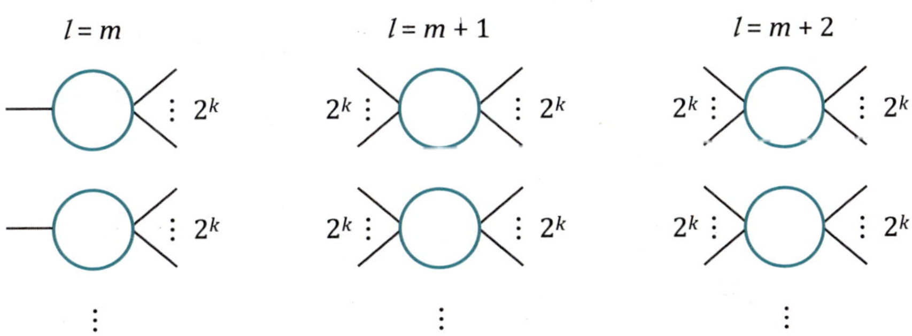

그림 8.11 콘볼루션 부호 각 노드의 경로

$l \geq m$인 경우, 각각의 노드에는 최대 1개의 경로가 입력되며, $l = m$인 경우 정확하게 한 개의 노드에 1개의 경로가 입력된다. 그리고 $l > m$인 경우 한 개의 노드를 지날 때마다, 각 노드에 2^k배의 경로가 증가하여 입력된다. 이를 정리하면 다음과 같다.

$$l = m + 1: 2^k \text{ 경로/노드}$$

$$l = m + 2: 2^{2k} \text{ 경로/노드}$$

$$l = m + 3: 2^{3k} \text{ 경로/노드}$$

따라서 $l > m$인 경우 각 노드에

$$2^{k(l-m)}$$

개의 경로가 입력된다. 격자도의 입력은 가지의 경로에 해당한다. 그리고 가지 출력이 콘볼루션 부호 출력 비트이다. 따라서, 격자도의 각각의 경로는 유효한 부호어에 해당한다.

8.1.4 격자도 종료(trellis diagram termination)

격자도의 초기 상태가 S_i인 경우, 길이가 L인 입력 정보계열

$$\mathbf{b} = (b_0, b_1, \cdots, b_{L-1})$$

이 입력되고 나면, 격자도가 초기 상태인 S_i로 끝나게 되는 것을 격자도 종료라 한다.

$(n, 1, m)$ 콘볼루션 부호에서 초기 상태가 $S_0 = (0, 0, \cdots, 0)$인 경우를 고려하자. 그림 8.12는 L비트의 정보계열 $\mathbf{b}$가 모두 입력되고 나서, 어떤 상태에서 추가적인 0이 입력되는 경우의 격자도 변화를 설명하고 있다.

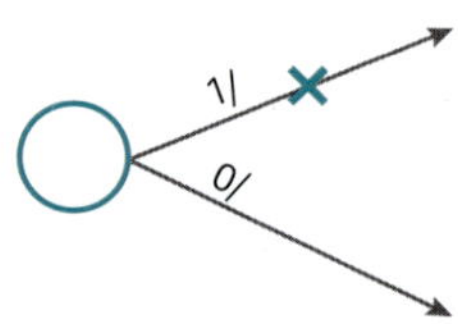

그림 8.12 0이 입력되는 경우의 격자도 변화

추가적인 0을 입력하는 경우, 부호기 기억소자인 시프트 레지스터 내용과 가능한 상태의 개수 사이에는 다음과 같은 관계가 성립한다.

$[b_{L-1}]\,[b_{L-2}]\,\ldots\,[b_{L-m}]$: 2^m개의 가능한 상태

$[0]\,[b_{L-1}]\,\ldots\,[b_{L-m-1}]$: 2^{m-1}개의 가능한 상태

$[0]\,[0]\,[b_{L-1}]\,\ldots\,[b_{L-m-2}]$: 2^{m-2}개의 가능한 상태

$[0]\,[0]\,\ldots\,[0]\,[b_{L-1}]$: 2개의 가능한 상태

$[0]\,[0]\,\ldots\,[0]\,[0]$: 1개의 유일한 상태

따라서 $(n,1,m)$ 콘볼루션 부호인 경우 m개의 0을 추가하면 격자도를 초기 상태 $S_0=(0,0,\cdots,0)$로 종료시킬 수 있게 된다.

예제 8.4

예제 8.3에서 격자도 종료를 고려하자. 그러면 정보 비트 열의 마지막에 2개의 연속적인 0을 추가하면 격자도는 다음과 같이 종료된다.

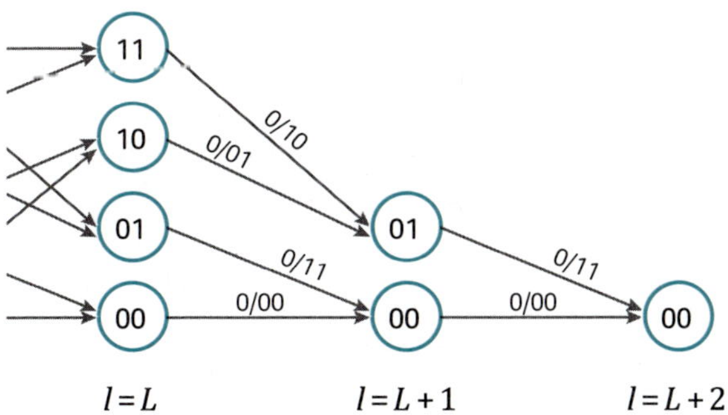

그림 8.13 (2,1,2) 콘볼루션 부호의 격자도 종료

$(n,1,m)$ 콘볼루션 부호에서 길이가 L인 정보 열이 입력되고 m개의 0으로 종료되는 경우, $n(L+m)$개의 비트가 추가로 출력된다. 따라서 이 경우 부호율은 다음과 같다.

$$R = \frac{L}{n(L+m)} = \frac{1}{n}\left(\frac{L}{L+m}\right) = \frac{1}{n}\left(1 - \frac{m}{L+m}\right) \tag{8.3}$$

여기서

$$\frac{m}{L+m}$$

을 부호율 손실(rate loss)라 한다. 만약 $L \gg m$이면 부호율은

$$R \approx \frac{1}{n}$$

이 되어 격자도 종료에 의한 부호율 손실은 무시할 수 있다.

이제 일반적인 (n,k,m) 콘볼루션 부호의 격자도 종료를 고려하자. (n,k,m) 콘볼루션 부호는 k개의 $(n,1,m)$ 콘볼루션 부호의 중첩으로 생각할 수 있다. 따라서 각각의 기억소자의 상태 값을 초기 상태로 만들기 위하여 콘볼루션 부호의 각 입력에 $m_i, 1<i<k$개의 0이 입력되어야 한다. 그리고, 추가적인 $n \times m$개의 비트가 출력된다. 이 경우 부호율은

$$R = \frac{kL}{n(L+m)} = \frac{k}{n}\left(\frac{L}{L+m}\right) = \frac{k}{n}\left(1 - \frac{m}{L+m}\right) \tag{8.4}$$

이 된다. 여기서도 마찬가지로, $L \gg m$이면 부호율은

$$R \approx \frac{k}{n}$$

이므로 격자도 종료에 의한 부호율 손실은 무시 가능하다.

그림 8.14는 격자도 종료에 따른 콘볼루션 개념도를 설명하고 있다. 예를 들어, 메모리 개수가 $m=3$인 $(n,1,3)$ 콘볼루션 부호를 고려하자. 그리고, 콘볼루션 부호의 초기 상태가

$$S_0 = (000)$$

인 경우, 입력 정보 비트 길이가 $L=17$인 (10110011011010101)가 입력된다고 하자.

시점 $l=1$에 메모리에 저장된 3개의 0과 첫번째 입력 비트인 1이 시간의 역순으로

$$[1000]$$

배치되어, 생성수열과 상관되어 부호 n비트가 출력된다. 이렇게 시간의 역순으로 배치된 값이 콘볼루션 부호의 메모리 값이다. 그리고 [1000]와 생성수열을 상관시킨다는 것은

$$[0001]$$

과 생성수열을 콘볼루션한다는 것을 의미한다. 왜냐하면, 콘볼루션 연산이 입력 정보 비트를 시간의 역순으로 하여 생성수열과 곱하고 더하는 것을 의미하기 때문이다.

시점 $l=2$에는 메모리에 저장된 3개이 비트와 두 번째 입력 비트 0이 시긴의 역순으로 배치된

$$[0100]$$

가 생성수열과 상관되어져 부호 n비트가 출력된다. 그리고, 정보 비트가 모두 입력되고 나면, 격자도 종료를 고려하여, 3개의 연속적인 0이 입력된다.

시점 $l=L+m$에서는 마지막에 입력 정보 비트 1과 격자도 종료를 고려하며 추가된 3개의 0이 시간의 역순으로 다음과 같이 배치되고

$$[1000]$$

생성수열과 상관되어져 n비트의 부호어를 출력한다. 따라서, 초기 상태와 마지막 상태가 동일하게 되어 격자도 종료가 이루어진다. 그리고, 모든 입력 정보 비트가 순회 콘볼루션된다. 즉, 격자도 종료를 수행하여 입력 정보 비트와 생성수열을 콘볼루션 완료하는 것이다.

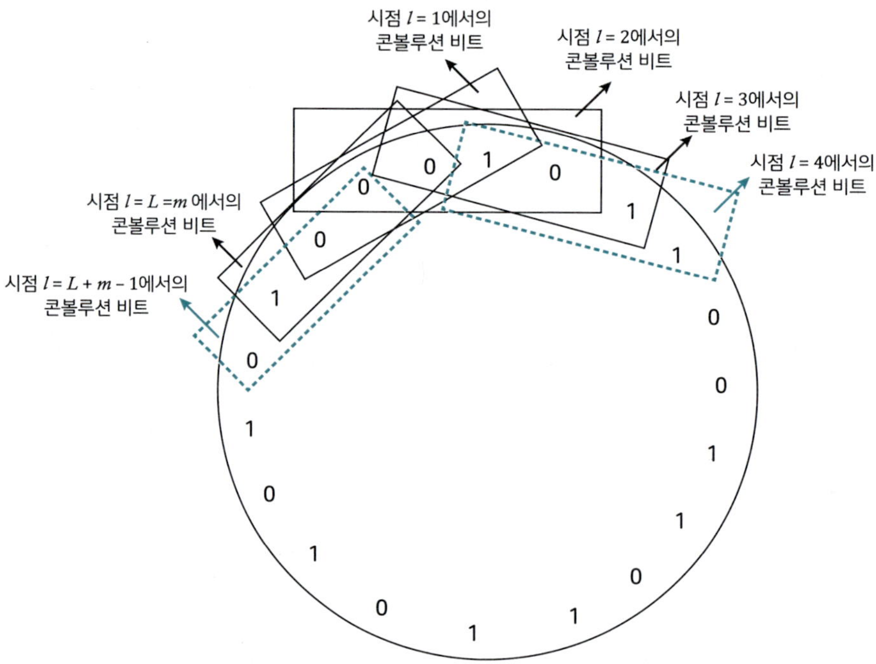

그림 8.14 격자도 종료에 따른 콘볼루션 개념도

8.1.5 최소자유거리

콘볼루션 부호에서의 각 경로는 유효한 부호어에 해당한다. 콘볼루션 부호의 선형성은 그림 8.15로 설명된다. 두 개의 경로에 의한 부호어 $\mathbf{c}_i$와 $\mathbf{c}_j$ 사이의 해밍거리는 콘볼루션 부호의 선형성으로 인하여, $\mathbf{c}_i+\mathbf{c}_j=\mathbf{c}_k$와 $\mathbf{c}_j+\mathbf{c}_j=\mathbf{0}$ 사이의 해밍거리와 동일하다. 따라서, 최소자유거리는 모든 출력이 $\mathbf{c}_j+\mathbf{c}_j=\mathbf{0}$인 경로와 분리되었다가 모든 출력이 $\mathbf{0}$인 경로와 재결합하는 경로의 최소 해밍중이 된다. 최소자유거리는 d_{free}로 표기되며,

어떤 2개의 경로를 따라 출력되는 비트 열 사이의 최소 해밍거리이다.

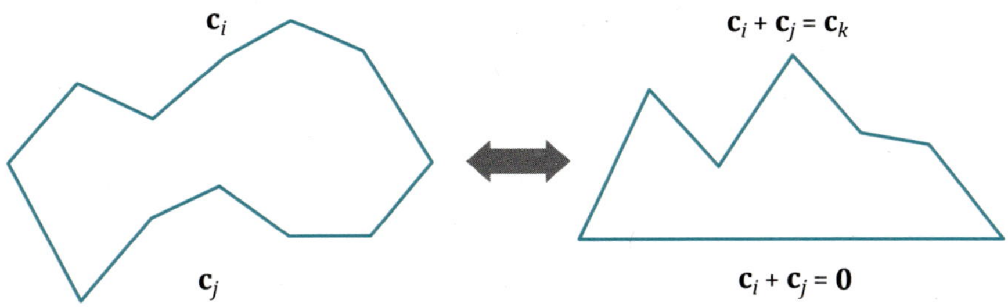

그림 8.15 콘볼루션 부호의 선형성

$(n,1,m)$ 콘볼루션 부호인 경우, 모든 출력 비트가 0인 경로와 분리되었다가 출력 비트가 모두 0인 경로와 재결합하기 위해서는 m개의 연속적인 0이 입력되어야 한다. 따라서 분리되기 위하여 한 개의 단계가 필요하고, 재결합하기 위하여 최소한 m개의 단계가 필요하므로 출력이 모두 0인 경로와 이 경로에서 분리되어 재결합하는 경로 사이의 가지는 최소한 $m+1$개가 다르게 된다. 그리고 콘볼루션 부호는 선형부호이므로 최소자유거리는 모든 출력이 0인 경로와 다른 경로와의 최소 해밍거리로 구할 수 있다. 따라서 최소자유거리는 다음으로 정의된다.

정의 8.1 최소자유거리

출력이 모두 0인 경로와 분리되었다가 l단계 뒤에 다시 출력이 모두 0인 경로와 재결합하는 모든 경로의 집합을 Q_l이라 정의하자. 그러면, 최소자유거리는 식 (8.5)와 같다.

$$d_{\text{free}} = \min_{l>m}[\min\{w(\mathbf{z})\} : \mathbf{z} \in Q_l] \tag{8.5}$$

그림 8.16은 (2,1,2) 콘볼루션 부호기에서 출력이 모두 0인 경로와 분리되어 재결합되는 $l=3$인 경우의 경로 출력을 보여준다.

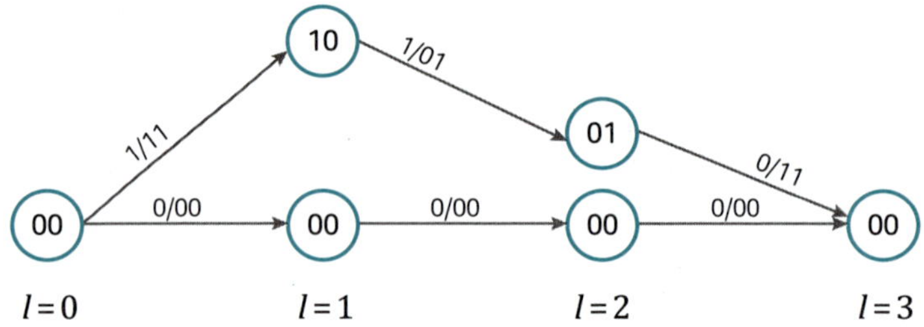

그림 8.16 l=3인 경우의 경로

일단 분리되어 재결합하기 위하여 0이 연속적으로 2개 입력되어야 하므로, 재결합하기 위한 두 가지의 출력 비트는 (01 11)이다. 따라서 이로 인한 해밍거리는 3이 된다. 그리고 모두 0인 경로와 분리된 가지의 출력 비트는 (11)이고, 이로 인한 해밍거리는 2가 된다. 따라서 이 경우의 해밍거리는 5가 된다.

그림 8.17은 (2,1,2) 콘볼루션 부호기에서 출력이 모두 0인 경로와 분리되어 재결합되는 l=4인 경우의 경로 출력을 보여준다. 두 경로의 해밍거리는 6이다. 따라서 최소 자유거리는 해밍거리의 최소 값인 5가 되어, $d_{free}=5$가 된다.

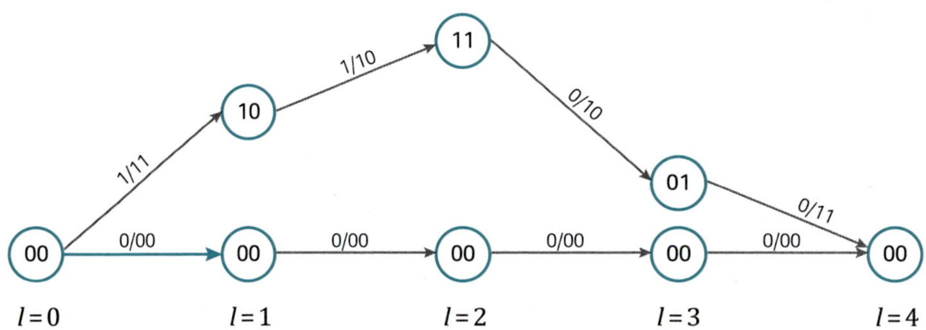

그림 8.17 l=4인 경우의 경로

정의 8.2 점근적 부호이득

점근적 부호이득(asymptotic coding gain)은

$$\gamma = 10\log_{10}\left(\frac{R \times d_{\text{free}}}{2}\right)\ (\text{dB}) \tag{8.6}$$

으로 정의된다.

식 (8.6)의 점근적 부호이득은 정확한 부호이득은 아니지만, BSC 채널에서 BPSK 비트 오류 발생 확률을 천이확률로 하고 $\frac{E_b}{N_0}$가 매우 큰 경우의 근사적 부호이득을 의미한다. 따라서 최소자유거리는 부호이득을 측정하는 데 중요한 요소이다.

8.1.6 중분포

그림 8.6의 (2,1,2) 콘볼루션 부호의 상태도를 사용하여 중분포를 설명한다. 상태도에서 상태는 다음의 4가지이다.

$$S_0 = (00)$$
$$S_1 = (10)$$
$$S_2 = (01)$$
$$S_3 = (11)$$

격자도의 초기 상태는 S_0=(00)이다. 먼저, 상태도의 S_0를 초기와 최종의 두 개로 나누어 변형시킨다. 이렇게 변형된 상태도에서 중(weight)이 i인 가지는 X^i로 표기하며 이를 가지 이득이라 한다. 그러면, 콘볼루션 부호의 변형된 상태도는 다음과 같다.

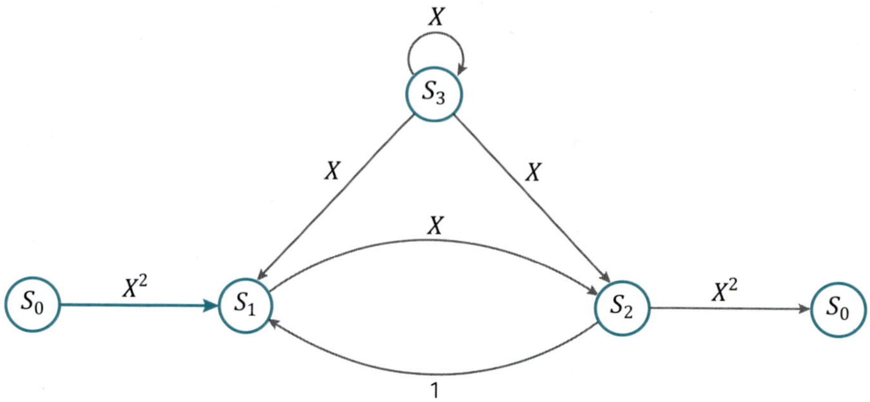

그림 8.18 (2,1,2) 콘볼루션 부호의 변형된 상태도

정의 8.3 중분포함수

A_i는 중(weight)이 i인 부호어의 개수 (경로의 개수)를 나타내고, 이의 다항식 표현을 중분포함수라 하며, 식 (8.7)로 표현된다.

$$T(x) = \sum_i A_i X^i \tag{8.7}$$

어떤 경로의 이득 X^i은 경로의 각 가지의 이득을 곱한

$$X^i = X^{i_1} X^{i_2} \cdots X^{i_j}$$

이 된다. 여기서 X^{i_j}는 i번째 경로의 j번째 가지 이득이다.

정의 8.4 전진경로: forward path

초기 상태와 최종 상태를 연결하면서 중간의 어떤 상태를 두 번 거치지 않는 경로를 전진경로라 한다. 그리고 i번째 전진경로를 F_i로 표기한다.

정의 8.5 루프: loop

어떤 상태에서 출발하여 동일한 상태로 회귀하면서 한 상태를 2번 거치지 않는 경로를 루프라 한다. 그리고 i번째 루프의 이득은 L_i로 표기한다. 두 개의 루프가 공통된 상태를 갖지 않으면, 이 루프 쌍을 비접촉(non-touching)이라 부른다.

다음은 이러한 루프에 대한 표기이다.

$\{i\}$: 모든 루프의 집합

$\{i,j\}$: 두 개의 비접촉 루프 쌍의 집합

$\{i,j,k\}$: 3개의 비접촉 루프의 집합

그리고, Δ를 다음과 같이 정의한다.

$$\Delta = 1 - \sum_{i} L_i + \sum_{\{i,j\}} L_i L_j - \sum_{\{i,j,k\}} L_i L_j L_k + \cdots$$

이제, 전진경로 F_i와 연결된 모든 상태와 그 상태와 연결된 모든 가지를 제거하고 얻어진 그래프를 G_i로 정의하자. 그리고 G_i상에서 구해진 Δ를 Δi라 하자. 그러면 중분포함수는 식 (8.8)의 메이슨 공식으로 구해진다 [43].

$$T(x) = \frac{\sum_i F_i \Delta_i}{\Delta} \tag{8.8}$$

예제 8.5

그림 8.18은 (2,1,2) 콘볼루션 부호의 변형된 상태도를 고려하자. 그러면, 각각의 루프 이득은 다음과 같다.

- 루프 1 $(S_3 S_3)$: $L_1 = X$
- 루프 2 $(S_1 S_2 S_1)$: $L_2 = X$

- 루프 3 $(S_1S_3S_2S_1)$: $L_3=X^2$
- 비접촉 루프 쌍 1 $L_1L_2=X^2$

$$\begin{aligned}\Delta &= 1-(L_1+L_2+L_3)+L_1L_2\\ &= 1-(X+X+X^2)+X^2\\ &= 1-2X\end{aligned}$$

- 전진경로 1 $(S_0S_1S_2S_0)$: $F_1=X^5$
- 전진경로 2 $(S_0S_1S_3S_2S_0)$: $F_2=X^6$

전진경로 F_1와 연결된 모든 상태와 그 상태와 연결된 모든 가지를 제거하고 얻어진 그래프 G_1은 다음과 같다.

그림 8.19 (2,1,2) 전진경로 F_1과 분리된 그래프 G_1

따라서 G_1과 관련된 루프 이득과 Δ는 다음과 같다.

- 루프 1 (S_3S_3): $L_1=X$

$$\Delta_1 = 1-X$$

전진경로 F_2와 연결된 모든 상태와 그 상태와 연결된 모든 가지를 제거하고 얻어진 그래프 G_2는 없다. 따라서

$$\Delta_2 = 1$$

이다. 그러므로 중분포함수는 다음과 같다.

$$
\begin{aligned}
T(X) &= \frac{F_1\Delta_1 + F_2\Delta_2}{\Delta} \\
&= \frac{X^5(1-X) + X^6}{1-2X} \\
&= \frac{X^5}{1-2X} \\
&= X^5(1 + 2X + (2X)^2 + \cdots) \\
&= X^5 + 2X^6 + 4X^7 + \cdots
\end{aligned}
$$

따라서 중이 5인 경로는 1개 있으며, 최소자유거리는 $d_{free}=5$이다.

A_{ijl}은 출력 비트의 중이 i, 입력 비트의 중이 j이고 길이가 l인 가지를 갖는 경로의 개수를 나타낸다. 그림 8.20 (a)와 (b)는 각각 경로길이가 4, 5이고 출력 비트의 중이 6인 경로를 나타낸다.

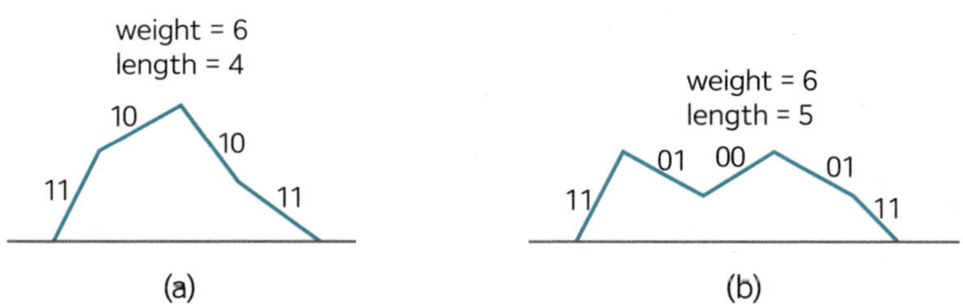

그림 8.20 출력 비트의 중이 6이고 (a)길이 4 (b)길이 5인 경로

각각의 가지에서 X^i는 출력 비트의 중을 나타내고, Y^j는 입력 정보 비트의 중을 나타낸다. 그리고 각각의 가지를 Z로 표시하면, 전달함수는 식 (8.9)와 같다.

$$T(X,Y,Z) = \sum_{ijl} A_{ijl} X^i Y^j Z^l \tag{8.9}$$

예제 8.6

예제 8.5의 (2,1,2) 콘볼루션 부호에 대한 추가 변형된 상태도는 다음과 같다.

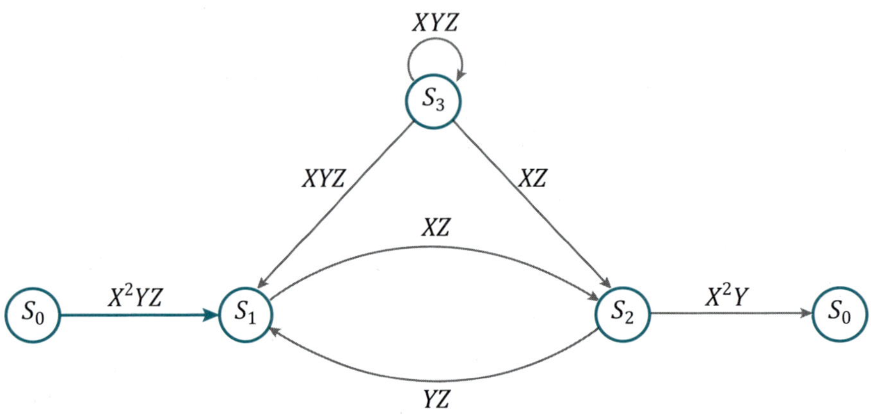

그림 8.21 (2,1,2) 콘볼루션 부호의 추가 변형된 상태도

각각의 루프 이득은 다음과 같다.

- 루프 1 (S_1S_3): $L_1=XYZ$
- 루프 2 $(S_1S_2S_1)$: $L_2=XYZ^2$
- 루프 3 $(S_1S_3S_2S_1)$: $L_3=X^2Y^2Z^3$
- 비접촉 루프 쌍 1: $L_1L_2=X^2Y^2Z^3$

$$\begin{aligned}\Delta &= 1-(L_1+L_2+L_3)+L_1L_2\\ &= 1-(XYZ+XYZ^2+X^2Y^2Z^3)+X^2Y^2Z^3\\ &= 1-XYZ-XYZ^2\end{aligned}$$

- 전진경로 1 $(S_0S_1S_2S_0)$: $F_1=X^5YZ^3$
- 전진경로 2 $(S_0S_1S_3S_2S_0)$: $F_2=X^6Y^2Z^4$

전진경로 F_1와 연결된 모든 상태와 그 상태와 연결된 모든 가지를 제거하고 얻어진 그래프 G_1에 관련된 루프 이득과 Δ는 다음과 같다.

- 루프 1 (S_3S_3): $L_1=XYZ$

$$\Delta_1 = 1 - XYZ$$

전진경로 F_2와 연결된 모든 상태와 그 상태와 연결된 모든 가지를 제거하고 얻어진 그래프 G_2는 없으므로

$$\Delta_2 = 1$$

그러므로 전달함수는

$$\begin{aligned} T(X,Y,Z) &= \frac{F_1\Delta_1 + F_2\Delta_2}{\Delta} \\ &= \frac{X^5YZ^3}{1 - XYZ - XYZ^2} \\ &= X^5YZ^3 + X^6Y^2(Z^2 + Z^5) + X^7Y^3(Z^5 + 2Z^6 + Z^7) + X^8Y^4Z^6 + \cdots \end{aligned}$$

이 된다. 입력 정보 비트의 중이 1이고 출력 비트의 중이 5인 경로가 하나 존재한다. 그리고 입력 정보 비트의 중이 2이고, 출력 비트의 중이 6인 경로가 2개 존재한다.

Z=1로 두면, 전달함수는

$$T(X,Y) = T(X,Y,Z)|_{Z=1}$$

가 되며, 입출력 중분포함수가 된다. 그리고 Y=Z=1로 두면, 전달함수는

$$T(X) = T(X,Y,Z)|_{Y=Z=1}$$

가 되며, 중분포함수가 된다.

8.1.6 생성행렬

콘볼루션 부호의 생성수열을 사용하여 (8.10)의 생성행렬을 구성할 수 있다. 생성행렬을 이용하면, 생성수열과 마찬가지로 (n,k,m) 콘볼루션 부호를 생성할 수 있다.

$$\mathbf{G} = \begin{bmatrix} \mathbf{G}_0 & \mathbf{G}_1 & \mathbf{G}_2 & \cdots & \mathbf{G}_m & \mathbf{0} & \mathbf{0} & \mathbf{0} & \cdots \\ \mathbf{0} & \mathbf{G}_0 & \mathbf{G}_1 & \cdots & \mathbf{G}_{m-1} & \mathbf{G}_m & \mathbf{0} & \mathbf{0} & \cdots \\ \mathbf{0} & \mathbf{0} & \mathbf{G}_0 & \cdots & \mathbf{G}_{m-2} & \mathbf{G}_{m-1} & \mathbf{G}_m & \mathbf{0} & \cdots \\ \vdots & \vdots & \vdots & \cdots & \vdots & \vdots & \vdots & \vdots & \cdots \end{bmatrix} \tag{8.10}$$

여기서 종속생성행렬 $\mathbf{G}_i$는 $k \times n$개의 모든 생성수열의 i번 원소를 모아 만든 $k \times n$ 행렬은 식 (8.11)로 표현된다.

$$\mathbf{G}_i = \begin{bmatrix} g_{1,i}^{(1)} & g_{1,i}^{(2)} & \cdots & g_{1,i}^{(n)} \\ \vdots & \vdots & \cdots & \vdots \\ g_{k,i}^{(1)} & g_{k,i}^{(2)} & \cdots & g_{k,i}^{(n)} \end{bmatrix}, \quad 0 \le i \le m \tag{8.11}$$

k개의 입력 비트는 종속생성행렬 $\mathbf{G}_i$와 곱해져, 생성수열의 i번 원소와 상관된 n개의 부호비트가 된다. 따라서 $(m+1)$개의 종속생성행렬, $\mathbf{G}_i$을 사용하여 식 (8.10)의 생성행렬이 구성된 것이다.

예제 8.7

(3,2,1) 콘볼루션 부호의 생성수열이 다음과 같을 때,

$$\mathbf{g}_1^{(1)} = (11), \mathbf{g}_1^{(2)} = (01), \mathbf{g}_1^{(3)} = (11)$$
$$\mathbf{g}_2^{(1)} = (01), \mathbf{g}_2^{(2)} = (10), \mathbf{g}_2^{(3)} = (10)$$

$m=2$개의 종속행렬은

$$\mathbf{G}_0 = \begin{bmatrix} 101 \\ 011 \end{bmatrix}$$

$$\mathbf{G}_1 = \begin{bmatrix} 111 \\ 100 \end{bmatrix}$$

이므로, 이를 사용한 생성행렬은 다음과 같다.

$$\mathbf{G} = \left(\begin{array}{c|c|c|c|c} 1\,0\,1 & 1\,1\,1 & 0\,0\,0 & 0\,0\,0 & \cdots\cdots \\ 0\,1\,1 & 1\,0\,0 & 0\,0\,0 & 0\,0\,0 & \\ \hline 0\,0\,0 & 1\,0\,0 & 1\,1\,1 & 0\,0\,0 & \cdots\cdots \\ 0\,0\,0 & 0\,1\,1 & 1\,0\,0 & 0\,0\,0 & \\ \hline 0\,0\,0 & 0\,0\,0 & 1\,0\,0 & 1\,1\,1 & \cdots\cdots \\ 0\,0\,0 & 0\,0\,0 & 0\,1\,1 & 1\,0\,0 & \\ & \ddots & \ddots & \ddots & \end{array} \right)$$

콘볼루션 부호의 부호기는 이산 시간 선형시스템(discrete time linear system)으로 간주할 수 있으며, 이를 해석하기 위하여 D−변환을 사용한다. D−변환과 z−변환 사이에는 $D \leftrightarrow z^{-1}$의 관계가 있다. 입력 정보계열의 D−변환은 다음과 같다 [31].

$$\mathrm{b}(D) = \sum_i b_i D^i$$

만약 $(2,1,m)$ 콘볼루션 부호를 고려하면, 생성수열의 D−변환은 유사한 방법으로

$$\mathrm{g}^{(1)}(D) = \mathrm{g}_0^{(1)} + \mathrm{g}_1^{(1)} D + \mathrm{g}_2^{(1)} D^2 + \cdots + \mathrm{g}_m^{(1)} D^m$$
$$\mathrm{g}^{(2)}(D) = \mathrm{g}_0^{(2)} + \mathrm{g}_1^{(2)} D + \mathrm{g}_2^{(2)} D^2 + \cdots + \mathrm{g}_m^{(2)} D^m$$

이 된다. 시간 영역에서의 두 함수의 콘볼루션은 D 영역에서의 두 다항식의 곱으로 표현된다. 따라서 부호계열의 D−변환은 다음과 같이 정보계열 다항식과 생성수열 다항식의 곱이다.

$$c^{(1)}(D) = b(D)g^{(1)}(D) = c_0^{(1)} + c_1^{(1)}D + c_2^{(1)}D^2 + \cdots$$
$$c^{(2)}(D) = b(D)g^{(2)}(D) = c_0^{(2)} + c_1^{(2)}D + c_2^{(2)}D^2 + \cdots$$

이 식을 다시 정리하면

$$[c^{(1)}(D) \quad c^{(2)}(D)] = b(D)[g^{(1)}(D) \quad g^{(2)}(D)]$$

이 된다. 즉, 콘볼루션 부호가 선형부호이므로, 시간 영역에서의 콘볼루션은 D 영역에서는 곱으로 표현된다. 그림 8.22는 이와 같은 관계를 설명한다.

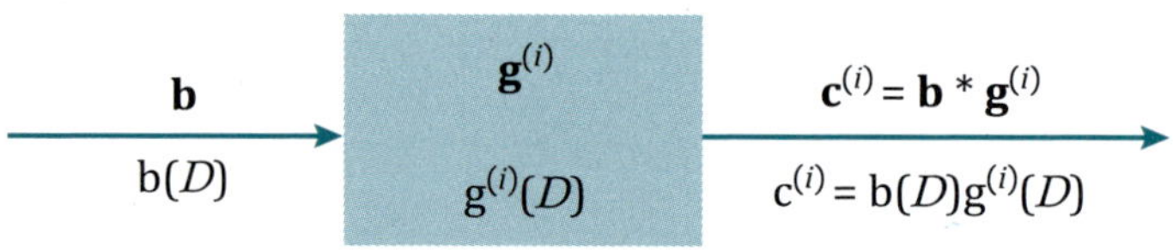

그림 8.22 콘볼루션과 D-변환의 관계

$(2,1,m)$ 콘볼루션 부호에서는 1번과 2번 부호어의 출력이 하나씩 교대로 선택되어 인터리빙 방식으로 최종 부호어가 출력된다. 따라서, 콘볼루션 부호는 다음과 같이 표현된다.

$$c(D) = c^{(1)}(D^2) + Dc^{(2)}(D^2)$$

(n,k,m) 콘볼루션 부호인 경우, C(D), B(D), G(D)는 다음과 같이 표기된다.

$$C(D) = [c^{(1)}(D) \quad \cdots \quad c^{(n)}(D)]$$
$$B(D) = [b^{(1)}(D) \quad \cdots \quad b^{(k)}(D)]$$
$$G(D) = \begin{bmatrix} g_1^{(1)}(D) & \cdots & g_1^{(n)}(D) \\ \vdots & \ddots & \vdots \\ g_k^{(1)}(D) & \cdots & g_k^{(n)}(D) \end{bmatrix}$$

그리고,

$$\mathrm{C}(D) = \mathrm{B}(D)\mathrm{G}(D)$$

이다. 따라서 출력부호어는

$$\mathrm{c}(D) = \mathrm{c}^{(1)}(D^n) + D\mathrm{c}^{(2)}(D^n) + \cdots + D^{n-1}\mathrm{c}^{(n)}(D^n)$$

가 된다. 만약

$$\mathrm{G}(D)\mathrm{G}_{\mathrm{R}}^{-1}(D) = \mathrm{I}_k D^l$$

인 $\mathrm{G}_{\mathrm{R}}^{-1}(D)$이 존재한다면,

$$D^l\mathrm{B}(D) = \mathrm{C}(D)\mathrm{G}_{\mathrm{R}}^{-1}(D)$$

이고, 정보를 복원할 수 있게 된다. 여기서 l은 임의의 정수이고, I_k는 $k \times k$ 단위행렬이다. $(n,1,m)$ 콘볼루션 부호에서

$$\gcd[\mathrm{g}^{(1)}(D) \quad \cdots \quad \mathrm{g}^{(n)}(D)] = D^l \tag{8.12}$$

은 $\mathrm{G}_{\mathrm{R}}^{-1}(D)$이 존재할 필요충분조건이다 [44]. $\mathrm{G}_{\mathrm{R}}^{-1}(D)$이 존재하지 않는 콘볼루션 부호는 재앙부호(catastrophic code)라 불린다.

(n,k,m) 콘볼루션 부호에서 $\mathrm{G}_{\mathrm{R}}^{-1}(D)$이 존재할 조건을 살펴본다. 먼저

$$\Delta_i(D), i = 1, \cdots, \binom{n}{k}$$

을 $\mathrm{G}(D)$의 서로 다른 i번째 $k \times k$ 종속행렬의 행렬식(determinant)이라 하면,

$$\gcd\left[\Delta_1(D) \quad \cdots \quad \Delta_{\binom{n}{k}}(D)\right] = D^l \tag{8.13}$$

은 $G_R^{-1}(D)$이 존재할 필요충분조건이다. (n,k,m) 콘볼루션 부호에서는 식 (8.13)를 만족하는 생성수열을 선택해야 한다.

예제 8.8

(2,1,2) 콘볼루션 부호에서 생성수열이

$$g^{(1)}(D) = 1 + D + D^2$$

$$g^{(2)}(D) = 1 + D^2$$

인 경우,

$$\gcd\left(g^{(1)}(D), g^{(n)}(D)\right) = 1$$

이므로, $G_R^{-1}(D)$이 존재한다.

예제 8.9

(2,1,2) 콘볼루션 부호에서 생성수열이

$$g^{(1)}(D) = 1 + D$$

$$g^{(2)}(D) = 1 + D^2$$

인 경우,

$$g^{(2)}(D) = 1 + D^2 = (1 + D)^2$$

이므로,

$$\gcd\left(g^{(1)}(D), g^{(n)}(D)\right) = 1 + D$$

이다. 따라서, $G_R^{-1}(D)$이 존재하지 않는다. 예를 들어 입력 정보계열이 모두 1인 경우,

$$b(D) = 1 + D + D^2 + D^3 + \cdots = \frac{1}{1 + D}$$

이고,

$$c^{(1)}(D) = 1$$

$$c^{(2)}(D) = 1 + D$$

이므로,

$$c(D) = 1 + D + D^3$$

이다. 따라서, 부호계열은 11 01 00 00 00 …이다. 만약 부호어가 채널을 통하여 전송되는 도중 3개의 오류가 발생하여 수신벡터가 00 00 00 00 00 …이 된다면, 전송된 모든 정보 비트를 "0"으로 잘못 추정하게 된다. 즉, 전송 중 발생된 단 몇 개의 발생 오류로 인하여, 무한개의 오류가 발생할 수 있게 된다. 따라서 이러한 부호를 재앙부호(catastrophic code)라 한다. 그림 8.23은 입력 정보계열이 모두 1인 경우와 0인 경우의 출력부호계열을 비교한 격자도이다.

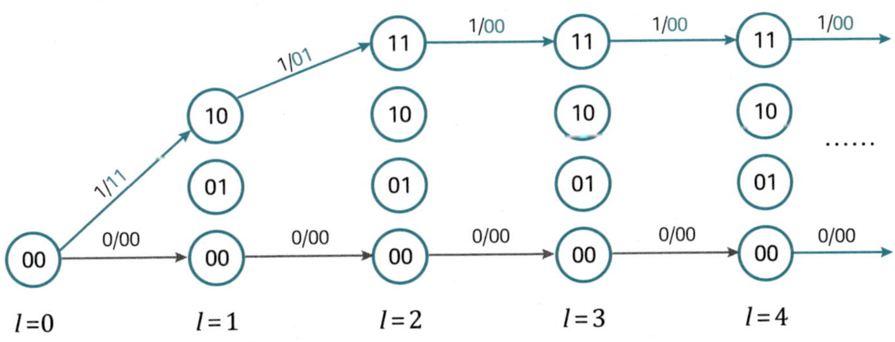

그림 8.23 재앙부호의 출력부호계열 비교

8.1.7 비터비 알고리즘(Viterbi Algorithm)

최우도복호법은 최적 정보계열을 추정할 수 있는 장점을 갖지만, 수신벡터와 가능한 모든 부호어를 비교해야 하는 구현 상의 단점을 갖는다. 이러한 문제점을 해결하고 효율적으로 MLD을 구현하는 복호법이 비터비 알고리즘이다 [28]–[34]. 먼저 복잡도를 줄이기 위하여 콘볼루션 부호의 구조를 정확히 이해하고 사용해야 한다.

(n,k,m) 콘볼루션 부호의 경우 송신 정보벡터의 길이가 kL이며, 이에 해당하는 부호벡터 $\mathbf{c}$의 길이는 $n(L+m)$이다. 그리고 AWGN 채널의 수신벡터 각 샘플에 부가된 잡음이 독립적이므로, 조건부 확률은 다음과 같다.

$$\Pr(\mathbf{r}|\mathbf{c}) = \prod_{l=0}^{L+m-1} \mathrm{p}(\mathbf{r}_l|\mathbf{c}_l) \tag{8.14}$$

그리고 식 (8.13)의 양변에 로그를 취하면 식 (8.15)의 경로평가량(path metric)이 된다.

$$\mathrm{M}(\mathbf{r}|\mathbf{c}) = \sum_{l=0}^{L+m-1} \mathrm{M}(\mathbf{r}_l|\mathbf{c}_l) \tag{8.15}$$

로그 연산으로 인하여 식 (8.14)의 곱은 식 (8.15)의 합으로 변경되었다. 여기서

$$\mathbf{r}_l = \left(r_l^{(1)}, \cdots, r_l^{(n)}\right)$$

은 격자도의 시점 l에서의 수신된 길이가 n인 수신벡터이다. 그리고

$$\mathbf{c}_l = \left(c_l^{(1)}, \cdots, c_l^{(n)}\right)$$

은 유효한 부호어 $\mathbf{c}$에 해당하는 경로의 시점 l에 존재하는 가지의 길이가 n인 출력 비트 값이다.

식 (8.14)의 $\mathrm{p}(\mathbf{r}_l \mid \mathbf{c}_l)$을 가지 확률이라 하며, 식 (8.16)으로 구해진다.

$$\mathrm{p}(\mathbf{r}_l|\mathbf{c}_l) = \prod_{i=1}^{n} \mathrm{p}\left(r_l^{(i)}\middle|c_l^{(i)}\right) \tag{8.16}$$

식 (8.16)의 가지 확률에 로그를 취하면, 식 (8.17)의 가지평가량(branch metric)이 된다.

$$\mathrm{M}(\mathbf{r}_l|\mathbf{c}_l) = \sum_{i=1}^{n} \mathrm{M}\left(r_l^{(i)}\middle|c_l^{(i)}\right) \tag{8.17}$$

즉, 시점 l에서의 가지평가량은 시점 l에서의 비트평가량(bit metric)을 모두 합하여 구해진다. 여기서, 각각의 비트평가량은 식 (8.18)로 계산되는 비트 확률의 로그 값이다.

$$\mathrm{M}\left(r_l^{(i)}\middle|c_l^{(i)}\right) = \log\left(\mathrm{p}\left(r_l^{(i)}\middle|c_l^{(i)}\right)\right) \tag{8.18}$$

식 (8.14)-(8.18)로부터 모든 비트평가량을 더하면, 가지평가량이 된다. 그리고, 모든 경로의 가지평가량을 더하면, 경로평가량이 된다. 그리고 최대의 경로평가량을 갖는 경로에 해당하는 유효 부호벡터를 송신 부호어로 추정하는 것이 비터비 알고리즘에 기반한 MLD이다. 비터비 알고리즘을 수식으로 표현하면, 식 (8.19)가 된다. 비터비 알고리즘은 1967년에 Viterbi에 의하여 제안되었다 [30]. 그리고, Forney가 비터비 알고리즘이 최적의 부호계열을 복호하는 방법이라는 것을 증명하였다 [32]-[33].

$$\hat{\mathbf{c}} = \mathrm{agr}\max_{\mathbf{c}\in C}[\mathrm{M}(\mathbf{r}|\mathbf{c})] \tag{8.19}$$

비터비 알고리즘은 Add, Compare, Select의 3단계로 나누어지며, 이를 ACS라 한다.

- A(Add): 시점 $l-1$의 각 노드는 단 한 개의 부분경로평가량(partial path metric)을 갖고 있다고 가정한다. 그리고 시점 l의 각 노드로 입력되는 부분경로평가량은 $l-1$에서 구해진 부분경로평가량에 l번째 가지평가량을 더하여 구해진다. 그림 8.24에서

$$\mathrm{M}(\mathbf{r}|\mathbf{a})_{l-1}$$

$$\mathrm{M}(\mathbf{r}|\mathbf{b})_{l-1}$$

는 시점 $l-1$까지 계산된 유효한 경로에 해당하는 부호어 $\mathbf{a}$와 $\mathbf{b}$에 대하여 계산된 부분경로평가량이다. 그리고, 각각의 부분경로평가량은 시점 $l-1$에서 시점 l까지 계산된 각각의 가지평가량

$$\mathrm{M}(\mathbf{r}_l|\mathbf{a}_l)$$
$$\mathrm{M}(\mathbf{r}_l|\mathbf{b}_l)$$

이 더해져 시점 l의 두 개의 경로가 만나는 점에서의 두 개의 유효한 부호어에 대한 부분경로평가량은 다음과 같으며,

$$\mathrm{M}(\mathbf{r}|\mathbf{a})_l = \mathrm{M}(\mathbf{r}|\mathbf{a})_{l-1} + \mathrm{M}(\mathbf{r}_l|\mathbf{a}_l)$$
$$\mathrm{M}(\mathbf{r}|\mathbf{b})_l = \mathrm{M}(\mathbf{r}|\mathbf{b})_{l-1} + \mathrm{M}(\mathbf{r}_l|\mathbf{b}_l)$$

이를 정리하면, 그림 8.24와 같다.

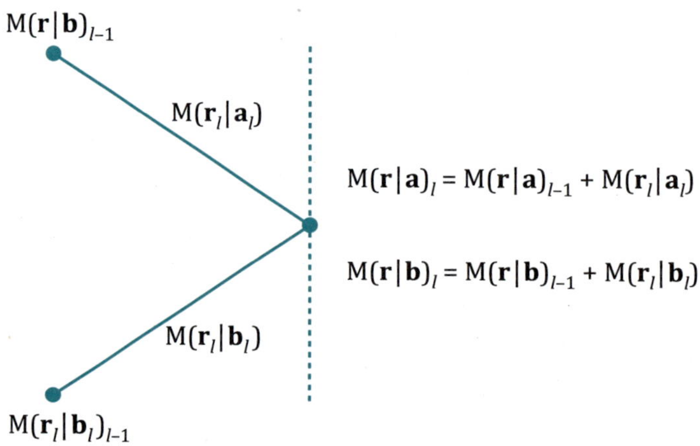

그림 8.24 각 시점에서의 부분경로평가량(partial path metric) 계산

- C(Compare): 시점 l의 각 노드에 입력된 모든 경로의 부분경로평가량을 서로 비교한다.

- S(Select): 가장 큰 부분경로평가량을 갖는 경로를 생존경로로 선택한다. 따라서, 각 시점 l에는 2^{km}개의 노드가 있으므로, 2^{km}개의 생존경로가 있게 된다. 격자도가 종료되면, 최종적으로 남는 생존경로는 한 개가 되며, 이는 MLD로 구해진 경로가 된다.

이렇게 ACS로 MLD를 구현할 수 있는 기본적인 개념은 그림 8.25로 설명된다. 시점 l에서 어떤 노드로의 입력 경로가 $\mathbf{p}_1 \sim \mathbf{p}_z$이고 노드에서 출력 경로가 $\mathbf{q}_1 \sim \mathbf{q}_z$인 경우를 가정하자.

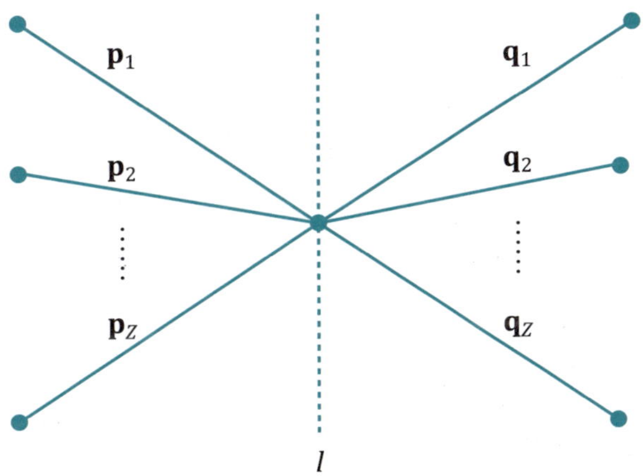

그림 8.25 어떤 노드로의 입력 경로와 출력 경로

그러면 가능한 모든 경로는 $(\mathbf{p}_i, \mathbf{q}_j), i, j = 1, 2, \cdots, z$의 z^2 가지이다. 그리고 전체 평가량은 시점 l의 노드로 입력되는 경로와 출력되는 경로평가량의 합이며,

$$\mathrm{M}(\mathbf{r}|\mathbf{p}_i, \mathbf{q}_j) = \mathrm{M}(\mathbf{r}|\mathbf{p}_i) + \mathrm{M}(\mathbf{r}|\mathbf{q}_j)$$

이 된다. 따라서, $\mathbf{p}_1$을 최대의 평가량을 갖는 입력 경로라 가정하면

$$\mathbf{p}_1 = \arg\max_{\mathbf{p}_i}[\mathrm{M}(\mathbf{r}|\mathbf{p}_i), i = 1, \cdots, z]$$
$$\Rightarrow \mathbf{p}_1 = \arg\max_{\mathbf{p}_i}[\mathrm{M}(\mathbf{r}|\mathbf{p}_i, \mathbf{q}_j), i = 1, \cdots, z, j = 1, \cdots, z]$$

의 관계가 성립한다. 즉, 시점 l의 한 노드에 입력되는 $\mathbf{z}$개의 경로 $\mathbf{p}_i$ 중에서 최대의 평가량을 갖는 경로 $\mathbf{p}_1$만이 최대의 경로평가량을 갖는 경로에 포함된다. 즉, $\mathbf{p}_1$을 제외한 나머지 경로는 최대의 경로평가량 값이 될 수 없다.

그러므로 시점 l에서 최대의 부분경로평가량을 갖는 경로 $\mathbf{p}_1$를 제외한 나머지 경로를 모두 제거하여도, 최우도복호 결과는 동일하다. 따라서 각 노드로 입력되는 부분경로평가량이 최대가 되는 경로 한 개만 선택하고 나머지를 모두 제거하여 계산량을 줄인다.

예제 8.10

송신 정보계열의 길이가 4인 경우, 격자도 종료를 위하여 2비트의 0이 부가되어 전송된다고 하자. BSC에서 수신벡터가 $\mathbf{r}$=(010100111001)인 경우를 고려한다. 그림 8.26은 이 경우, 비터비 알고리즘의 ACS에 의하여 선택된 최적경로를 보여준다. BSC에서는 수신벡터와 가장 해밍거리가 작은 부호벡터를 송신 부호어로 추정한다. 그러므로, 수신벡터와 가능한 부호벡터 사이의 해밍거리가 작으면 작을수록 경로평가량은 커지게 된다.

상태에 괄호로 표시된 숫자가 ACS에 의하여 선택된 경로의 해밍거리이다. 시점 $l=2$까지는 초기화 과정이다. 시점 $l=3$과 $l=4$에서 ACS에 의한, 각 상태에서의 생존경로의 레지스터 값은

- $l=3$: S_3:011, S_1:101, S_2:010, S_0:000
- $l=4$: S_3:1011, S_1:0001, S_2:1010, S_0:0100

이다. $l=4$에서의 S_3 생존경로 레지스터는 $l=3$에서 S_1의 생존경로 레지스터에서 입력정보가 1인 가지가 추가되어 1010이 된다. 그리고 $l=4$에서의 S_1에서의 생존경로는, $l=3$에서 S_0의 생존경로에서 입력정보가 1인 가지가 추가되어 0001이 된다. $l=4$에서의 S_2 생존경로는 $l=3$에서 S_1의 생존경로에서 입력정보가 0인 가지가 추가되어 1010이 된다.

또한 $l=4$에서의 S_0 생존경로는 $l=3$에서 S_2의 생존경로에서 입력정보가 0인 가지가 추가되어 0100이 된다.

시점 $l=5$와 $l=6$에서는 격자도 종료를 고려하여, 2개의 연속적인 0이 반드시 입력된다. 시점 $l=5$에는 입력 정보 비트가 0인 경우에 생기는 상태인 S_0와 S_2 두 가지만 가능하게 된다. $l=5$에서 상태가 S_2라는 것은 $l=4$에서 가능한 상태가 S_1, S_3이다. ACS에 의하여 $l=5$에서, S_2에서의 생존경로는 $l=4$에서 상태가 S_3인 생존경로에 0인 추가된 10110이 선택된다. $l=5$에서 상태가 S_0라는 것은 $l=4$에서 가능한 상태가 S_0, S_2이다. ACS에 의하여 $l=5$에서 상태가 S_0인 생존경로는 $l=4$에서 상태가 S_0인 생존경로에 0인 추가된, 10110이 선택된다.

- $l=5$: S_2:10110, S_0:10100

시점 $l=4$에서는 모든 상태의 생존경로 레지스터 값이 공통된 값을 갖지 못했지만, 시점 $l=5$에서는 생존경로 레지스터 값은 모두 101의 공통 값을 갖기 시작한다. 따라서 시점 $l=5$에서 처음 입력된 3개의 정보 비트는 (101)임을 알 수 있다. 이는 traceback 방법의 기초가 된다.

시점 $l=6$에서의 생존경로는 그전 시점인 $l=5$의 S_2:10110 생존경로에서 격자도 종료를 고려하여 입력된 정보 비트 0의 가지가 추가된

- $l=6$: S_0:101100

가 되며, 이는 가장 작은 해밍거리를 갖는 선택된 경로를 따라서 출력된 추정 부호벡터

$$\hat{\mathbf{c}} = (110100101011)$$

에 해당한다. 여기에는 3개 위치에서 오류가 발생한 것으로 판단되며, $\hat{\mathbf{b}}=(1011)$의 정보벡터가 전송되었다고 추정한다.

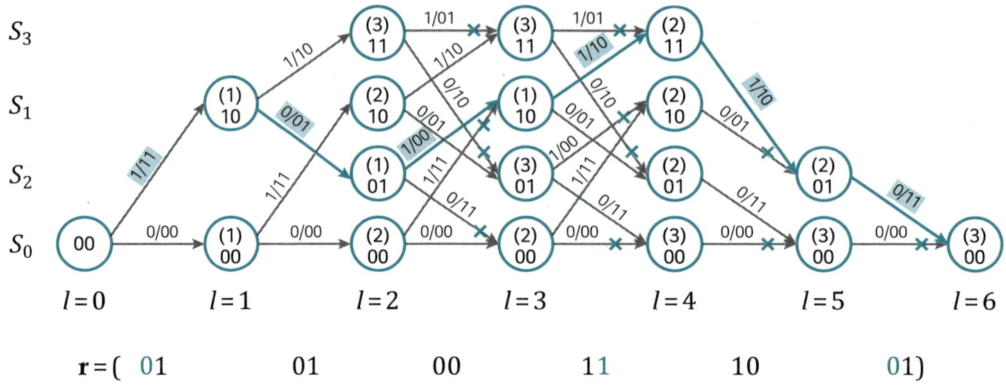

그림 8.26 비터비 알고리즘을 이용한 최적경로 선택

비터비 알고리즘을 이용한 최적경로 선택을 위하여, 각 노드는 생존경로를 기억하고 있어야 한다. 그리고 모든 시점에서의 노드는 생존경로를 갱신해야 한다. 부호계열의 길이가 긴 경우에는 처음 시점에서 종료 시점까지의 모든 경로를 기억하여 비터비 알고리즘을 수행하는 것은 큰 시간 지연과 많은 메모리를 요구하게 된다.

구속장의 5~10배 길이의 traceback depth 만큼 창(window)을 설정하면, 이러한 문제를 해결할 수 있다. 그림 8.27에서 창은 격자도의 단계가 증가하는 방향으로 진행한다. 시점 l에서 ACS를 수행하고, $l-W$ 시점에서 미리 추정 정보 비트를 출력하여, 시간 지연과 메모리 문제를 동시에 해결한다.

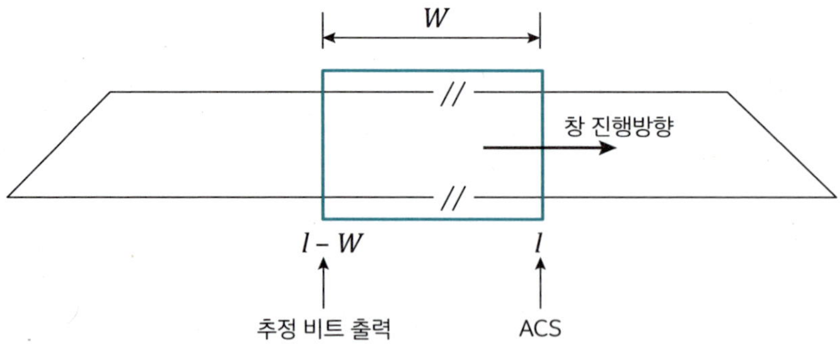

그림 8.27 Traceback depth를 고려한 비터비 알고리즘

만약 W의 크기를 구속장의 5~10배 정도로 충분히 길게 하면, 그림 8.28과 같이 시점 l에서의 모든 노드는 시점 $l-W$에서 동일한 생존경로를 갖게 된다.

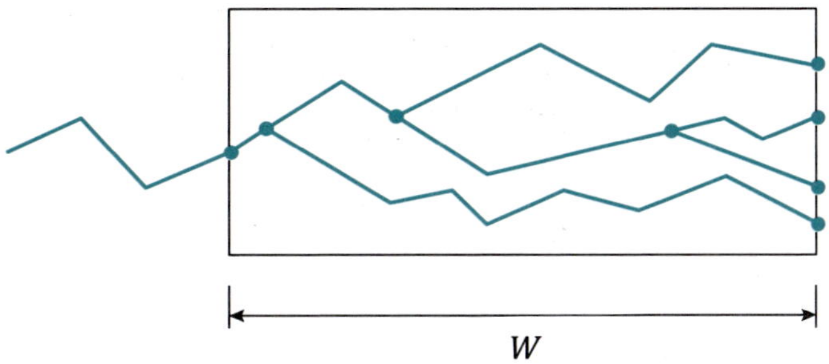

그림 8.28 시점 l의 모든 노드와 연결된 시점 $l-W$에서의 생존경로

예를 들어, 그림 8.26의 어떤 시점 l에서 상태가 $S_0=(00)$이면, 시점 $l-m=l-2$에서의 입력 정보 비트는 "0"임을 알 수 있다. 그리고 시점 l에서 상태가 $S_2=(01)$이면 시점 $l-2$에서의 입력 정보 비트는 "1"이다. 유사한 방법으로, 시점 l에서 상태가 $S_1=(10)$이면 시점 $l-2$에서의 입력 정보 비트는 "0"이며, 시점 l에서 상태가 $S_3=(11)$이면 시점 $l-2$에서의 입력 정보 비트는 "1"이다. 따라서 현재 상태를 관찰하면, 과거에 입력된 정보 비트를 알 수 있다. 즉, 현재 상태에서 과거에 입력된 $m=2$개의 정보 비트를 알 수 있게 된다. 따라서, 시점 l에서 각 노드에서는 시점 $l-(m+1)$에 입력된 정보 비트만 저장하면, 생존경로를 역추적할 수 있다. 이러한 저장된 정보 비트 값을 traceback 레지스터 값이라 한다.

표 8.3은 그림 8.26의 각 노드에서의 traceback 레지스터 값이다. 여기서, 시점 $l=1,2$에서의 레지스터 값은 모두 "0"인데, 이는 콘볼루션 부호의 초기 상태를 모두 "0"으로 정했기 때문이다. 따라서 시점 $l+m$에 저장된 traceback 레지스터 값이 시점 l에서 입력된 정보 비트이다.

표 8.3 Traceback 레지스터 값

	l=1	l=2	l=3	l=4	l=5
S_3=11		0	0	0	
S_1=10	0	0	1	0	
S_2=01		0	0	0	1
S_0=00	0	0	0	1	1

표 8.3의 시점 l=5의 상태 S_2에서 traceback한 생존경로의 레지스터 값은 표 8.4와 같다. 이 값을 이용하면

$$S_0 \leftarrow S_1 \leftarrow S_2 \leftarrow S_1 \leftarrow S_3 \leftarrow S_2$$

와 같이 생존경로를 역추적할 수 있다. 여기서 시점 l에서의 레지스터 값은 시점 $l-3$의 입력 정보 비트이다. 따라서, 시점 0~2까지의 입력된 추정 정보 비트는 (101)이다.

표 8.4 시점 l=5의 S_2에서 생존경로의 traceback 레지스터 값

	l=1	l=2	l=3	l=4	l=5
S_3=11				0	
S_1=10	0		1		
S_2=01		0			1
S_0=00					

표 8.5는 시점 l=5의 S_0=00에서 traceback한 생존경로의 레지스터 값을 나타낸다. 이 경우 생존경로는

$$S_0 \leftarrow S_1 \leftarrow S_2 \leftarrow S_1 \leftarrow S_2 \leftarrow S_0$$

이다.

표 8.5 시점 $l=5$의 S_0에서 생존경로의 traceback 레지스터 값

	$l=1$	$l=2$	$l=3$	$l=4$	$l=5$
$S_3=11$					
$S_1=10$	0		1		
$S_2=01$		0		0	
$S_0=00$					1

표 8.4와 표 8.5의 생존경로에서 공통된 경로는 처음 4개의 상태를 연결하는

$$S_0 \leftarrow S_1 \leftarrow S_2 \leftarrow S_1$$

이다. 이는 초기 상태 S_0가 1번째 입력 비트 “1”에 의하여 S_1이 되고, 2번째 입력 비트 “0”에 의하여 S_2이 되고, 3번째 입력 비트 “1”에 의하여 S_3이 되었다는 것을 의미한다. 따라서, 시점 $l=5$의 2개의 상태 S_0, S_2에서의 생존경로에는 이러한 동일한 입력 정보 비트 (101)가 입력된 것이다.

따라서 부호계열의 모든 구간에 대하여 비터비 알고리즘을 수행하지 않고, traceback depth 만큼의 창에 대하여 비터비 알고리즘을 적용하면, 복잡도를 현저히 줄일 수 있게 될 뿐만 아니라 복호에 따른 시간 지연 문제를 완화시킬 수 있다.

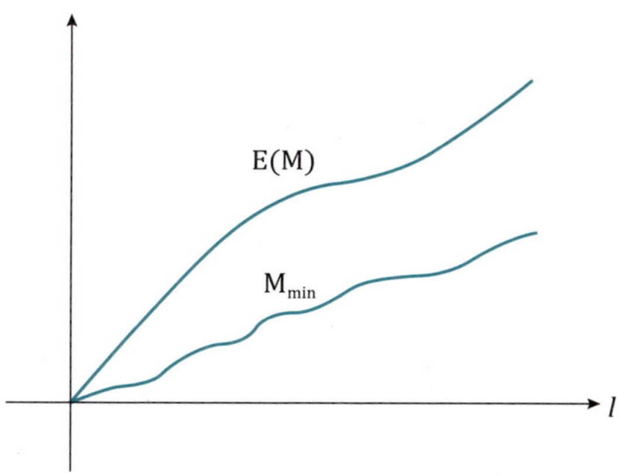

그림 8.29 비터비 알고리즘에서 증가하는 평가량

각 노드에서 계산된 부분경로평가량이 너무 커지는 것은 메모리 넘침(overflow)을 야기하므로 일정한 기준으로 관리하는 것이 요구된다.

그림 8.29에서 E(M)은 시점 l에서 노드의 평균평가량이고, M_{min}은 최소평가량이다. 만약 어떤 시점에서 모든 노드의 경로평가량이 임의의 정해진 값 λ_{min}보다 커지면 모든 평가량을 λ_{min}만큼 감소시킨다. 이러한 작업을 단계가 증가하면서 계속적으로 해주어서 메모리 넘침 문제를 해결할 수 있다.

8.1.8 MLD 성능 분석

BPSK를 사용하는 경우 AWGN 채널 및 BSC에서 MLD의 성능 분석을 단어 오류 발생 확률 중심으로 살펴본다.

① AWGN 채널에서의 MLD 성능 분석

AWGN 채널의 BPSK 동기복조인 경우, 부호비트 c_i는

$$x_i = (-1)^{c_i} \times \sqrt{E_s}$$

로 변환되어 분산이 $N_0/2$인 잡음이 더해진 값

$$r_i \sim N\left(x_i, \frac{N_0}{2}\right)$$

이 된다. 즉, 송신 부호어 $\mathbf{c}=(c_0, c_1, \cdots, c_{n-1})$는

$$\mathbf{x} = (x_0, x_1, \cdots, x_{n-1})$$

로 변환되어,

$$\mathbf{r} = (r_0, r_1, \cdots, r_{n-1})$$

로 수신된다.

그러면 MLD는

$$\hat{\mathbf{x}} = \arg\min_{\mathbf{x}\in C}[\|\mathbf{r}-\mathbf{x}\|^2]$$

인 수신벡터와 유클리디언 거리가 최소가 되는 부호어 $\hat{\mathbf{x}}$를 선택하는 것과 동일하다. (n,k) 선형블록부호에서는 길이가 n인 2^k개의 유효 부호어가 있으며, 이 부호의 최소 해밍거리를 $d_{\min}$라 하자. 그리고 이 부호에서 임의 두 부호어 $\mathbf{x}_1$과 $\mathbf{x}_2$의 유클리디언 거리는 다음과 같다.

$$d_{\mathrm{E}}^2(\mathbf{x}_1,\mathbf{x}_2) \geq 4d_{\min}E_s$$

그리고 $\mathbf{x}_1$과 $\mathbf{x}_2$만을 고려하는 경우, $\mathbf{x}_1$을 전송하여 $\mathbf{x}_2$로 잘못 복호될 확률은

$$\Pr(\mathbf{x_1}\rightarrow\mathbf{x_2}) = \Pr\left\{\mathrm{N}\left(\mathbf{0},\frac{N_0}{2}\mathbf{I}_n\right) > \frac{1}{2}d_{\mathrm{E}}(\mathbf{x}_1,\mathbf{x}_2)\right\}$$

이다. 여기서, $\mathrm{N}\left(\mathbf{0},\frac{N_0}{2}\mathbf{I}_n\right)$은 평균이 0이고, 분산이 $\frac{N_0}{2}$인 n차 결합 가우시안 잡음 랜덤 변수이다. 그리고

$$\mathrm{N}\left(\mathbf{0},\frac{N_0}{2}\mathbf{I}_n\right) = \sqrt{\frac{N_0}{2}}\,\mathrm{N}(\mathbf{0},\mathbf{I}_n)$$

이므로,

$$\Pr(\mathbf{x_1}\rightarrow\mathbf{x_2}) = \Pr\left\{\mathrm{N}(\mathbf{0},\mathbf{I}_n) > \sqrt{\frac{1}{2N_0}}\,d_{\mathrm{E}}(\mathbf{x}_1,\mathbf{x}_2)\right\}$$

이다. 따라서 다음과 같은 결과식을 얻는다.

$$\Pr(\mathbf{x}_1\rightarrow\mathbf{x}_2) = \mathrm{Q}\left(\sqrt{\frac{d_{\mathrm{E}}^2(\mathbf{x}_1,\mathbf{x}_2)}{2N_0}}\right)$$

어떤 부호어를 전송하여 다른 부호어로 잘못 복호될 확률인, 단어 오류 발생 확률은 다음과 같이 주어진다.

$$\Pr(\mathrm{E}) = \sum_i \Pr(\mathrm{E}|\mathbf{x}_i)\Pr(\mathbf{x}_i)$$

그리고 각각의 부호어가 전송될 확률이 동일하고, 선형부호의 특성에 의하여 어떤 부호어를 전송하더라도 오류 발생 확률이 동일하다고 가정하면 단어 오류 발생 확률은 다음과 같다.

$$\begin{aligned}\Pr(\mathrm{E}) &= \Pr(\mathbf{x}_0)\sum_i \Pr(\mathrm{E}|\mathbf{x}_i) \\ &= \Pr(\mathrm{E}|\mathbf{x}_0)\end{aligned}$$

그리고 union bound에 의하여

$$\Pr(\mathrm{E}) \le \sum_i \Pr(\mathbf{x}_0 \to \mathbf{x}_i)$$

의 관계가 성립한다. 그리고 $\mathbf{x}_0$, $\mathbf{x}_i$ 두 벡터가 d개의 비트 위치에서 상이한 값을 가지면,

$$d_{\mathrm{E}}^2(\mathbf{x}_1, \mathbf{x}_2) = 4dE_s$$

따라서, 평균 단어 오류 발생 확률은

$$\Pr(\mathrm{E}) \le \sum_{d=d_{\min}}^{n} A_d \,\mathrm{Q}\left(\sqrt{\frac{2dE_s}{N_0}}\right) = \sum_{d=d_{\min}}^{n} A_d \,\mathrm{Q}\left(\sqrt{\frac{2dRE_b}{N_0}}\right)$$

이다. 여기서 A_d는 해밍중이 d인 부호어의 개수이며, R은 부호율이다. 높은 SNR에서,

$$\mathrm{Q}(x) \approx \frac{1}{2}\exp(-x^2/2)$$

이고, 대부분의 오류는 송신 부호어와 가장 가까운 거리의 부호어를 잘못 선택하는 경우이므로, 단어 오류 발생 확률은 다음으로 근사화할 수 있다.

$$\Pr(\mathrm{E}) \approx \frac{A_{d_{\min}}}{2} \exp\left(-Rd_{\min}\frac{E_b}{N_0}\right)$$

② BSC에서의 MLD 성능 분석

BSC에서 오류정정능력이 t인 경우 단어 오류 발생 확률은

$$\Pr(\mathrm{E}) \leq \sum_{i=t+1}^{n} \binom{n}{i} p^i (1-p)^{n-i}$$

이며 천이 발생 확률은

$$p = \mathrm{Q}\left(\sqrt{\frac{2E_s}{N_0}}\right) = \mathrm{Q}\left(\sqrt{\frac{2RE_b}{N_0}}\right)$$

이다. 그리고 SNR이 높은 경우,

$$\Pr(\mathrm{E}) \approx \binom{n}{t+1} p^{t+1}$$

이고 $\mathrm{Q}(x) \approx \frac{1}{2}\exp(-x^2/2)$이므로,

$$\Pr(\mathrm{E}) \approx \binom{n}{t+1} 2^{-(t+1)} \exp\left(-\frac{R(t+1)E_b}{N_0}\right)$$

의 근사식이 성립한다.

높은 SNR에서 BSC와 AWGN 채널에서의 단어 오류 발생 확률은 모두 지수함수로 표현된다는 공통점은 있지만, BSC에서는 지수함수가 $-(t+1)$, AWGN 채널에서는 $-d_{\min}$의 항으로 표현된다. 최소거리가 대략 오류정정능력의 2배의 값이므로, 높은 SNR에서 AWGN 채널이 BSC에 비하여 대략 3dB의 성능 향상이 있게 된다.

8.1.9 TB 콘볼루션 부호(Tail-biting convolutional code)

부호의 길이가 짧은 경우, 입력 정보계열 뒤에 zero tail bit들을 추가하여 격자도를 종료하게 되면 부호율의 손실이 많아지는 문제점이 생긴다. 예를 들어, $(n,k,m)=(2,1,2)$ 콘볼루션 부호에서 정보계열의 길이가 $L=4$이고 메모리가 $m=2$인 경우, 부호율 손실은

$$\frac{m}{L+m}=\frac{2}{6}=\frac{1}{3}$$

이고, 부호율은 (8.3)에 의하여

$$R=\frac{L}{n(L+m)}=\frac{1}{n}\left(\frac{L}{L+m}\right)=\frac{1}{n}\left(1-\frac{m}{L+m}\right)=\frac{1}{2}\left(\frac{2}{3}\right)=\frac{1}{3}$$

이다. 부호율이 1/2보다 현저히 감소한 1/3으로 줄어들게 된다.

격자도 종료를 위하여 $m=2$개의 zero tail bit를 사용하지 않고, $m=2$개의 정보 비트를 추가한다면, 부호율 손실은 발생하지 않는다. $m=2$이므로 마지막으로 입력되는 정보계열 2비트 값이 종료 상태를 결정한다.

콘볼루션 부호의 유효한 경로는 초기 상태와 종료 상태가 동일해야 한다. 이 조건을 만족시키기 위해서, 콘볼루션 부호의 시프트 레지스터 초기 값을 $m=2$개의 마지막 입력 비트를 시간의 역순으로 배치한다. 그러면, 격자도의 초기 상태와 최종 상태가 동일하게 된다. 이와 같이 최종 $m=2$개의 정보 비트 값을 초기 상태로 정하여 생성된 부호어가 유효 부호어가 된다.

정보계열의 길이가 6인 경우 가능한 모든 부호어의 개수는 $2^6=64$이고 가능한 상태의 개수는 $2^2=4$이다. 가능한 상태를 S_0,S_1,S_2,S_3라 하자. S_0를 시작 상태와 종료 상태로 하는 부호어의 개수는 64/4=16이다. 이러한 방법으로 각각의 상태를 시작과 종료 상태로 사용하는 부호어의 개수는 16개씩으로 전체 64개의 부호어가 생성되며, 이를 TB(Tail Biting) 콘볼루션 부호라고 한다.

예제 8.11

(2,1,2) 콘볼루션 부호에서 생성수열이 $\mathbf{g}^{(1)}=(101),\mathbf{g}^{(2)}=(111)$인 경우 격자도는 다음과 같다.

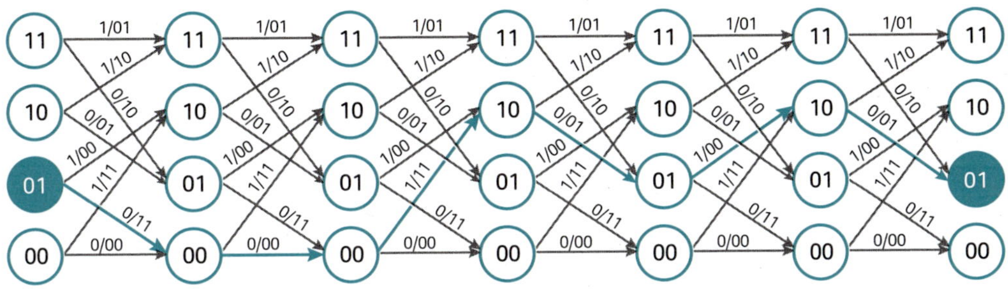

그림 8.30 정보계열 (001010)인 경우의 TB 콘볼루션 부호 경로

정보계열이 $\mathbf{b}=(001010)=(b_0,b_1,b_2,b_3,b_4,b_5)$이면, 최종 2개의 비트 (1,0)에 의하여 종료 상태는 최종 2비트를 시간의 역순으로 배치한

$$S_2=(b_5,b_4)=(01)$$

가 된다. 따라서 부호기의 시프트 레지스터 상태를 S_2로 그림 8.31과 같이 초기화하고 격자도를 구성하면, 그림 8.30에서처럼 굵게 표시된 유효경로가 구해진다.

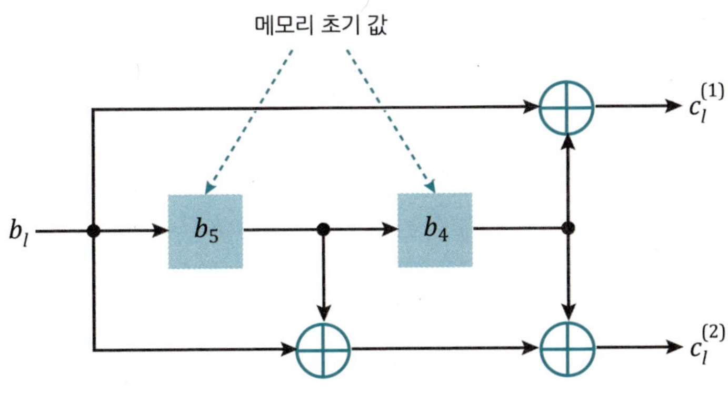

그림 8.31 (2,1,2) TB 콘볼루션 부호기의 메모리 초기 값

구해진 유효경로상에서 출력된 해당 부호어는

$$\mathbf{c} = (11,00,11,01,00,01)$$

가 된다.

TB 콘볼루션 부호의 MLD는 다음의 절차로 이루어진다.

- S_0, S_1, S_2, S_3 각각을 시작과 종료 상태로 하는 4가지의 부호어 집합에 대하여 MLD 수행
- 각 집합에서 최대의 경로평가량을 갖는 후보 부호어 한 개 선택
- 각 집합에서 선택된 후보 부호어 중에서 최대의 경로평가량을 갖는 부호어를 최종 선택

3GPP LTE 규격의 Broadcast Channel에서는 정보 비트 24비트에 16비트의 오류검출용 CRC가 더해진다. 그리고, 24+16=40 비트가 TB (3,1,6) 콘볼루션 부호로 채널 인코딩되어 120비트의 부호어가 된다. 이 경우, 부호율 손실이

$$\frac{m}{L+m} = \frac{4}{46} = 0.087$$

로 대략 9%의 값으로 무시할 수 없게 된다. 따라서, 이런 경우 TB 콘볼루션 부호를 사용하게 된다. 3GPP LTE 규격에서는 제어 채널코딩 기법으로 부호율이 $R=1/3$인 TB (3,1,6) 콘볼루션 부호를 사용하며, 여기서 사용된 생성수열은 다음과 같다.

$$\mathbf{g}^{(1)} = (1011011)$$
$$\mathbf{g}^{(2)} = (1111001)$$
$$\mathbf{g}^{(3)} = (1110101)$$

TB 콘볼루션 부호이므로, 부호기의 시프트 레지스터 초기 값은 입력 정보 비트의 마지막 6비트를 시간의 역순으로 배치한 값이다.

8.2 TCM (Trellis Coded Modulation)

TCM(Trellis Coded Modulation)은 전송전력이나 전송율 증가(대역폭 증가) 없이 디지털통신시스템의 성능 향상을 가져올 수 있는 방식이다. 통신은 다음과 같은 전송전력이 제약되는 환경과 전송대역폭이 제약되는 두 가지의 경우로 나누어 생각할 수 있다. 먼저 전송전력이 제약인 통신시스템에서는 정보 비트에 추가적인 패리티 비트를 부가하는 채널코딩 기법을 사용한다. 그리고 대역폭이 제한되는 통신시스템에서는 높은 차수의 변조 방식을 사용하여 주파수 사용 효율을 높인다. 대역폭의 사용이 제한되는 유선 전화 채널에서는 이러한 이유 때문에 초기에 채널 부호화가 보편화되지 않았지만 1984년 이후로는 대역폭의 증가 없이 통신시스템의 성능을 향상시킬 수 있는 TCM이 사용되기 시작하였다 [37]−[39].

두 개의 정보 비트를 한 개의 심벌로 변조하여, 매 심벌시간 $T_S=T$초마다 전송하는 전송대역폭이

$$\frac{1}{T}=\frac{1}{2T_b}$$

인 그림 8.32의 4−PSK 변조 방식을 가정하자. 여기서, T는 심벌시간이 되며, $E_S=2E_b$이다.

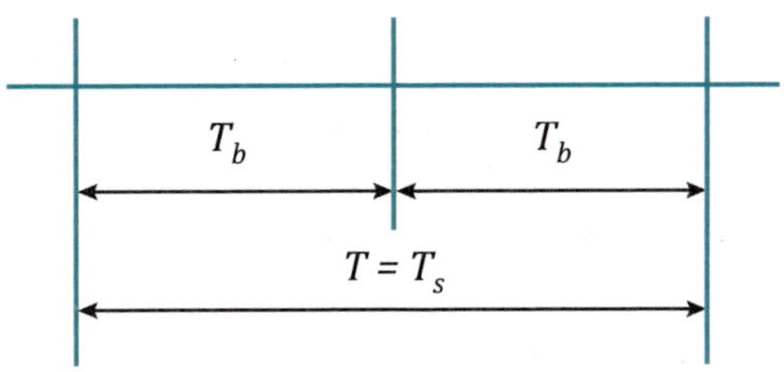

그림 8.32 4-PSK 변조 타이밍

이제는 정보 비트에 채널코딩을 사용하고, 그 부호비트에 4-PSK 변조를 사용하는 경우를 살펴보자.

- $R=2/3$ 콘볼루션 부호 + 4-PSK 변조: 이 경우의 타이밍은 그림 8.33과 같이

$$3T_c = 2T_b$$
$$T_s = 2T_c = \frac{4}{3}T_b = \frac{2}{3}T$$

이므로 채널코딩을 사용하면, 대역폭이 3/2배만큼 증가하고, 심벌에너지는 2/3의 비율로 감소한다.

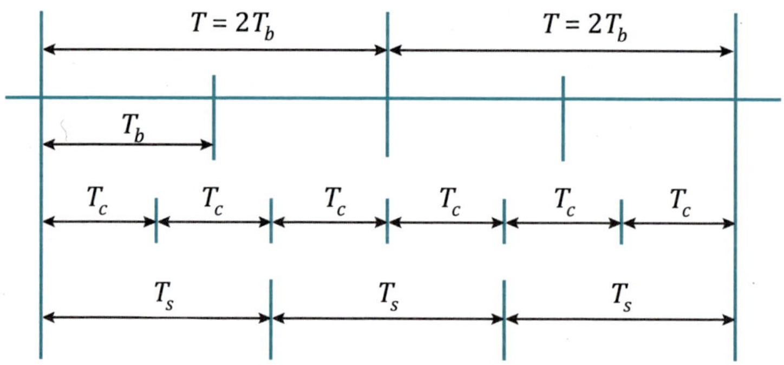

그림 8.33 $R=2/3$ 콘볼루션 부호와 4-PSK 사용인 경우의 타이밍

- $R=2/3$ 콘볼루션 부호 + 8-PSK 변조: 이 경우의 타이밍은 그림 8.34와 같이

$$T_s = 3T_c = 2T_b = T$$

이므로, 채널코딩에 의한 대역폭의 증가도 없고, 전송 심벌 에너지도 동일하게 된다. 즉, 채널 대역폭과 전송 에너지의 변화없이 부호이득을 얻을 수 있게 된다.

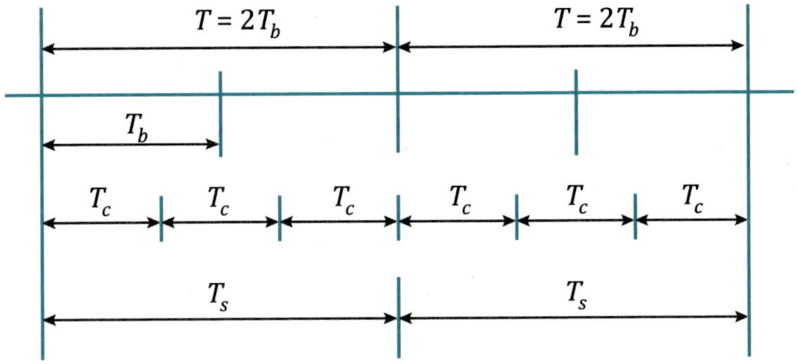

그림 8.34 $R = 2/3$ 콘볼루션 부호와 8-PSK 사용인 경우의 타이밍도

Ungerboeck은 다음의 3단계를 통하여 채널 대역폭의 증가 없이 성능 향상을 가져올 수 있게 하는 방법을 제안하였다.

- 1단계: 정보원의 m 비트마다 한 비트의 잉여비트를 추가한다.
- 2단계: 신호 성상도를 2^m에서 2^{m+1}로 확장한다.
- 3단계: 부호화된 비트를 사용하여 확장 성상도의 신호를 선택한다.

결과적으로 길이가 m 비트인 정보 비트는 2^{m+1}개의 확장 성상도 중의 한 개와 연결된다. 이러한 연결은 집합분할(set partitioning)을 통하여 가능해진다. 하부 성상도(subconstellation)는 상위 성상도(parent constellation)보다 큰 최소 유클리디언 거리를 갖는다.

그림 8.35는 32-CROSS 성상 분할도를 나타낸다. 성상도 분할이 한 번 발생할 때마다, 최소 유클리디언 거리는 $\sqrt{2}$배씩 증가함을 알 수 있다. A0단계 성상도에서 최소거리가 Δ인 경우, B단계에서는 최소거리가 $\sqrt{2}\Delta$가 된다. C단계에서는 최소거리가 2Δ가 되며, D단계에서는 $2\sqrt{2}\Delta$가 된다. 그림의 3비트 라벨은 8개 성상도를 나타내는 2진 표현 값이다. A0 성상도에서 오른쪽 아래로 분할되면 1, 왼쪽으로 분할되면 0으로 표기된다. 이러한 라벨 값은 콘볼루션 부호기의 출력 값을 사용하여 분할된 성상도를 선택하는 데 사용된다.

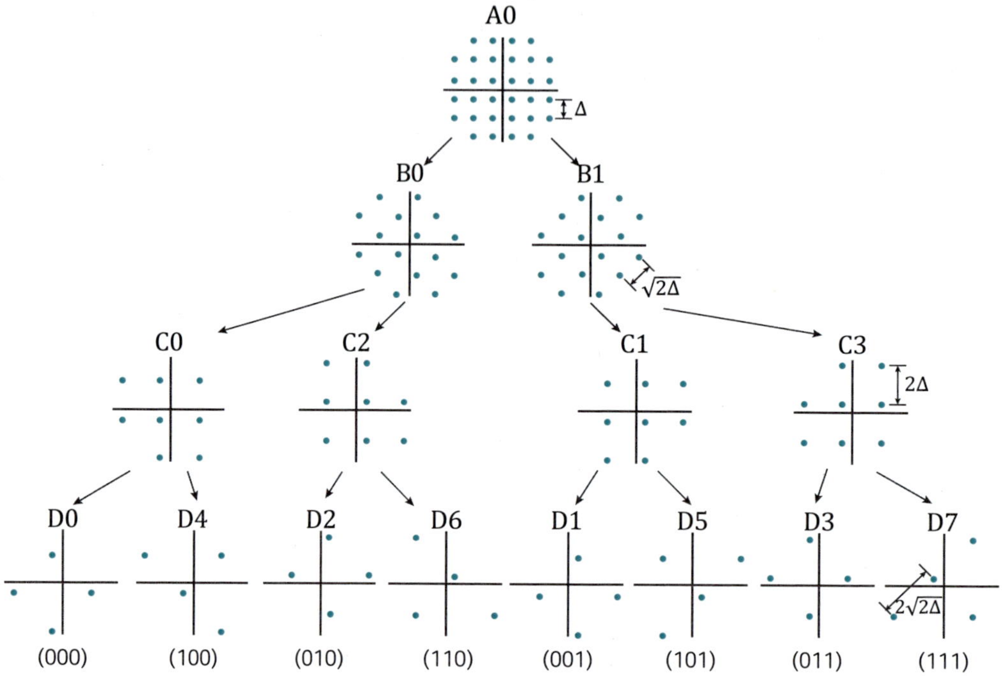

그림 8.35 32-CROSS 성상 분할도

그림 8.36은 8-PSK인 경우의 성상도 분할을 나타낸다. 여기서, 평균 심벌 전송 에너지는 1로 가정하였다. 8-PSK인 경우는 32-CROSS의 경우보다 성상 분할을 진행할수록 최소 유클리디안 거리의 증가 비율이 더 커지는 특징이 있다.

그림 8.37은 길이가 m인 정보 비트가 입력되어, $m+1$의 부호비트가 출력되는 Ungerboeck이 제안한 TCM 부호기이다. $u_1,\cdots,u_k$인 k개의 정보 비트는 부호율이 $R=k/(k+1)$인 길이가 $k+1$인 콘볼루션 부호비트 $c_0,c_1,\cdots,c_k$가 된다.

그리고 $k+1$개의 부호비트는 $k+1$번째 단계에서의 2^{k+1}개의 분할 확장 성상도 중 한 개에 해당된다. m개의 정보 비트 중에서 k개의 정보 비트를 제외하고 남은 $m-k$ 정보 비트 $u_{k+1},\cdots,u_m$은 선택된 성상도 내의 2^{m-k}개의 신호 중에서 한 개를 선택하는 데 사용된다.

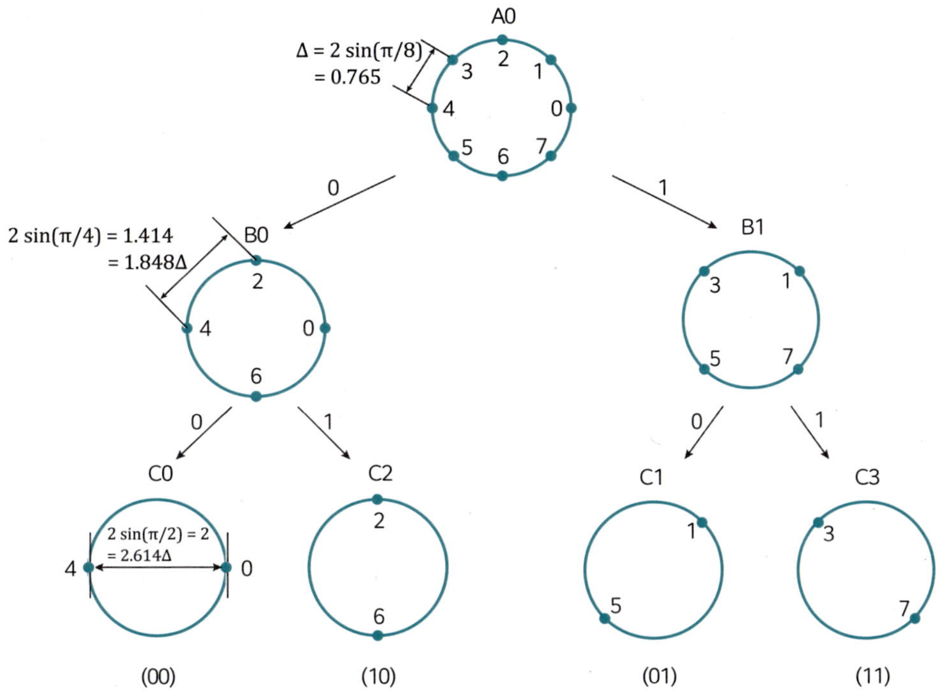

그림 8.36 8-PSK 성상 분할도

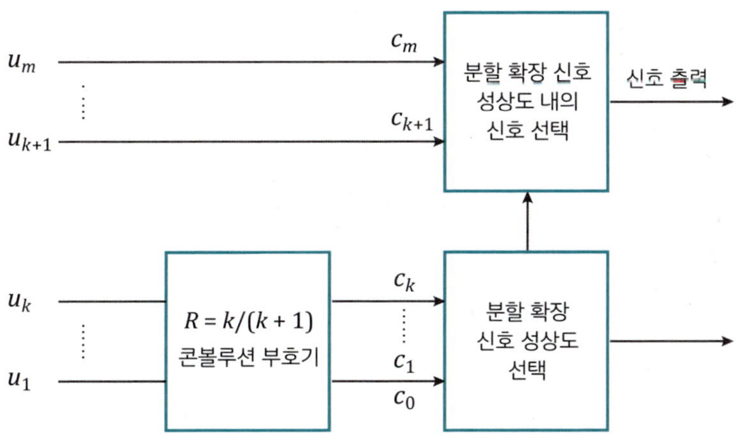

그림 8.37 Ungerboeck TCM 부호기 구조

그림 8.38은 $k=1$, $m=2$인 경우, 콘볼루션 부호와 8-PSK 변조를 사용하는 Ungerboeck TCM 부호기이다. 정보 비트 u_1은 $R=1/2$인 콘볼루션 부호 (c_o, c_1)가 된다. 이 2비트를 사용하여, 그림 8.36의 8-PSK 확장 신호 성상도의 2번째 단계 $2^2=4$개의 분할 성상도인 C0, C1, C2, C3 중 한 개를 선택하는 데 사용된다.

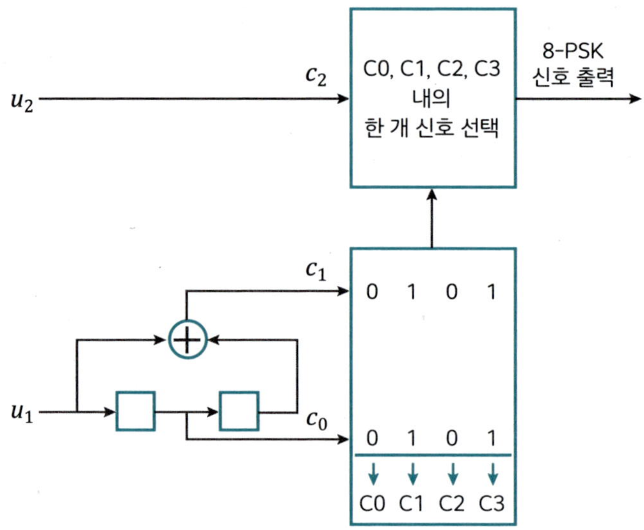

그림 8.38 $k=1$, $m=2$인 경우의 Ungerboeck 부호기

$(c_1, c_o)=(0,0)$이면 C0={0,4}가 선택된다. $(c_1, c_o)=(0,1)$이면 C1={1,5}이 선택되고, $(c_1, c_o)=(1,0)$이면 C2={2,6}, $(c_1, c_o)=(1,1)$이면 C3={3,7}이 선택된다. 마지막으로 부호화되지 않은 정보 비트 $u_2=c_2$는 선택된 분할 성상도 내의 2개 신호 중에서 한 개를 선택하는 데 사용된다.

예를 들어, $(c_2, c_1, c_o)=(1,1,0)$이면, $(c_1, c_o)=(1,0)$이므로, C2={2,6}의 분할 성상도가 선택된다. 그리고 $c_2=1$이므로, 신호 6을 선택하여 전송한다.

그림 8.39는 그림 8.38 TCM 부호기에서 사용된 $R=1/2$ 콘볼루션 부호의 두 상태 사이의 격자도이다. 현재의 상태에서 입력 u_1에 의하여 다음 상태로의 변화를 나타내며, 이때 출력되는 부호비트 (c_1, c_0)를 가지 위에 u_1/c_1c_0로 표기하였다.

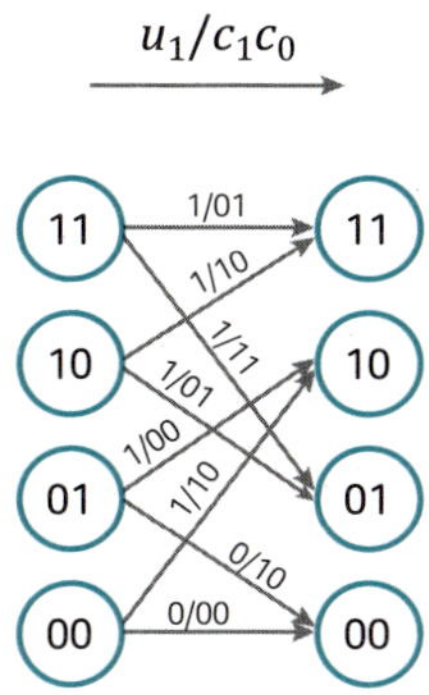

그림 8.39 $R=1/2$ 콘볼루션 부호의 두 상태 사이의 격자도

그림 8.40은 그림 8.38의 TCM 부호기의 격자도 변화를 나타낸다. 기본적인 격자도는 그림 8.39의 두 상태 사이의 격자도를 사용하여 만든다. 예를 들어, 현재 상태가 "00"인 경우, 입력 정보 비트가 $u_1=0$이면, 다음 상태는 "00"이 되며, $(c_1c_0)=(00)$가 되어, 분할 성상도 C0={0,4}가 선택된다. 그리고, 콘볼루션 부호에 사용되지 않은 마지막 정보 비트 값 $u_2=c_2$에 의하여 최종적으로 C0={0,4}의 두 신호 중 한 개가 선택된다. 만약 $c_2=0$이면, "0"번 신호, $c_2=1$이면, "4"번 신호가 선택된다. 이와 같이 한 가지에 존재하는 두 개의 평행한 신호 천이를 평행천이(parallel transition)라 한다. 격자도의 모든 경로는 유효한 TCM 신호 계열이 된다.

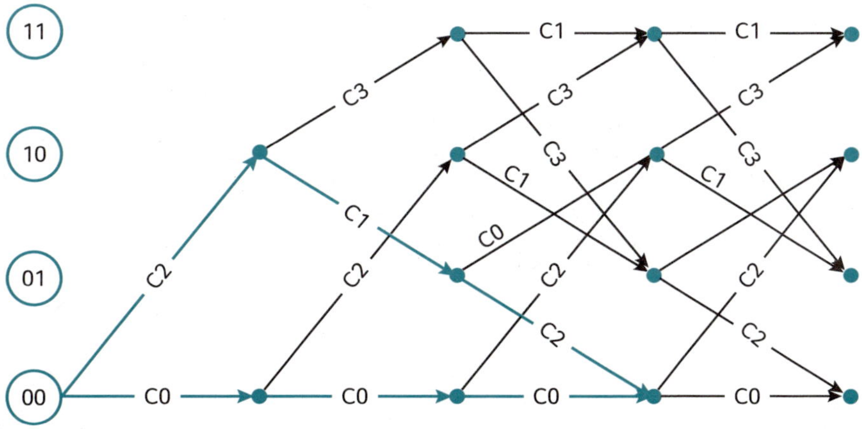

그림 8.40 TCM 부호기의 격자도

그림 8.40에서 평행한 천이로만 구성된 두 신호 사이의 유클리디언 거리는 두 신호 계열 0000000…와 0040000…의 유클리디언 거리가 된다. 이 유효한 두 신호 계열 사이의 거리는 신호 0과 4의 거리인

$$2\sin\left(\frac{\pi}{2}\right) = 2$$

이 되며, 평행한 두 신호 계열의 최소 유클리디언 거리는 $d_{\text{free-parallel}}=2$이다. 평행하지 않은 두 신호 계열의 최소 유클리디언 거리는

$$\begin{aligned} d_{\text{free-nonparallel}} &= \sqrt{d_{\min}^2(\text{C0},\text{C2}) + d_{\min}^2(\text{C0},\text{C1}) + d_{\min}^2(\text{C0},\text{C2})} \\ &= \sqrt{2 + \left(2\sin^2\left(\frac{\pi}{8}\right)\right) + 2} \\ &= 2.141 \end{aligned}$$

이 된다. 따라서 최소 자유거리는 $d_{\text{free-parallel}}=2$와 $d_{\text{free-nonparallel}}=2.141$의 최소 값인 $d_{\text{free-coded}}=2$가 된다.

점근적 부호이득을 사용하여 부호화 시스템과 부호화를 하지 않은 시스템 사이의 성능 차이를 비교하면, 점근적 부호이득은 (8.20)으로 주어진다.

$$\gamma = \left(\frac{E_{\text{uncoded}}}{E_{\text{coded}}}\right) \times \left(\frac{d_{\text{free-coded}}^2}{d_{\text{free-uncoded}}^2}\right) = \gamma_{\text{C}} \times \gamma_{\text{D}} \tag{8.20}$$

점근적 부호이득 γ는 성상도 확장 요소(constellation expansion factor) γ_{C}와 거리 증가 요소(increased distance factor) γ_{D}의 곱이다. 예로 설명한 TCM에서 $\gamma_{\text{C}}=1$이고, $\gamma_{\text{D}}=2$이므로 점근적 부호이득은 3dB가 된다 [37]–[39], [46].

A P P E N D I X

부록

구 성

A.1 BSC 구현 프로그램

A.2 BI-AWGN 채널 구현 프로그램

A.3 BPSK BER 계산 프로그램

A.4 하다마다 행렬 구현 프로그램

A.1 BSC 구현 프로그램

BSC 모델을 구현하는 파이썬 프로그램이다.

```
# 천이확률이 p인 경우, 채널코딩 과정
import numpy as np
import matplotlib.pyplot as plt
p=0.2 # transition probability
tx=[0,0]
rx=[]
rn=np.random.uniform(low=0,high=1,size=len(tx))
for i in range(len(tx)):
    if rn[i] < p:
        rx.append(np.remainder(tx[i]+1,2))
    else:
        rx.append(tx[i])
print("Transmitted codeword: ",tx)
print("\nUniform random vector:",rn)
print("\nReceived codeword: ",rx)
```

- 송신 정보는 가장 간단한 형태인 0이고, 인코더는 반복하여 부호어 [0,0]을 생성한다.
- 그리고 [0,0]은 천이확률 $p=\mathbf{0.2}$로 BSC를 통과하여 수신된다.
- 파이썬에서 제공되는 numpy 패키지는 랜덤 숫자를 발생하는 random 함수를 제공한다.
- uniform 함수는 low과 high 사이의 숫자를 size개만큼 균일한 확률로 발생시킨다. 만약 0과 0.2 사이의 숫자이면 0을 1로 반전시킨다. 그렇지 않으면, 원래의

값을 그대로 유지한다. 왜냐하면, 0과 1 사이의 균일한 분포를 갖는 랜덤 변수 값은 $p=0.2$의 확률로 0과 0.2 사이의 값이 되기 때문이다.

실행 결과는 다음과 같다.

```
Transmitted codeword:  [0, 0]
Uniform random vector: [0.34144043 0.11289079]
Received codeword:  [0, 1]
```

천이확률을 0.2로 정하였으므로, 이를 구현하기 위하여 0과 1 사이의 Uniform random vector의 값이 0.34인 경우는 천이가 발생하지 않았다고 판단하였고, 0.1128인 경우는 천이가 발생하였다고 판단하였다. 따라서 이 경우, 송신 부호어 [0,0]는 BSC를 통과하여 [0,1] 수신된다.

그림 1.4를 구현하는 프로그램은 다음과 같다. 파이썬의 matplotlib.pyplot 함수를 사용하여 그림을 그렸다.

```
x=[0,1]
y=[0,1]
plt.scatter(x, y, s=150,marker='o',c="b")
plt.scatter(tx[0],tx[1],s=150,market='^',c="g")
plt.scatter(rx[0],rx[1],s=300,marker='*',c="r")
plt.xlabel("First Received bit",size=15)
plt.ylabel("Second Received bit",size=15)
plt.show()
```

A.2 BI-AWGN 채널 구현 프로그램

벡터 [1,1]에 평균이 0이고, 표준편차가 Sigma인 정규분포의 랜덤 변수 값을 더한 값을 구하는 프로그램이다.

```
# BI-AWGN 채널에서의 채널코딩
import numpy as np
import matplotlib.pyplot as plt
SNR=1.5
Sigma=np.sqrt(1/(2*SNR))
tx=[1,1]
rx=[]
rx_hard=[]
rn=np.random.normal(loc=0.0,scale=Sigma,size=len(tx))
for i in range(len(tx)): rx.append(tx[i]+rn[i])

print("\nTransmitted codeword: ",tx)
print("\nNormal random vector:",rn)
print("\nReceived codeword: ",rx)
```

아래의 결과는 전송 부호벡터가 [1,1]에 정규분포를 갖는 잡음 [−1.058, −0.345]이 더해져서, 수신 부호벡터가 [−0.058, 0.654]가 된 경우이다.

```
Transmitted codeword:  [1, 1]
Normal random vector: [-1.05829882 -0.34591305]
Received codeword:  [-0.058298819203778995, 0.6540869477597069]
```

그림 1.6의 AWGN 채널에서의 신호를 구현한 프로그램은 다음과 같다.

```
x=[-1,1]; y=[-1,1]
plt.scatter(x, y, s=150,marker='o',c="b")
plt.scatter(tx[0],tx[1],s=150,marker='^',c="g")
plt.scatter(rx[0],rx[1],s=300,marker='*',c="r")
plt.xlabel("First Received bit",size=15)
plt.ylabel("Second Received bit",size=15)
plt.grid(True)
plt.show()
```

- 전송된 부호벡터에 잡음이 부가되어 수신된 벡터는 그림 1.6의 별로 표시된 점이다.
- 원으로 표시된 (a)[−1,−1]과 (b)[1,1]의 두 점은 전송 가능한 두 부호벡터를 나타낸다.
- 그리고 세모로 표시된 부분은 원래 전송한 부호벡터 [1,1]를 나타낸다.
- 그림에서 알 수 있듯이 수신 부호벡터와 점 a 사이의 유클리디언 거리는 3.26이며, b점과의 거리는 1.53이다.
- 유클리디언 거리를 계산하는 프로그램은 다음과 같다. numpy에서 sqrt()는 square root를 구하는 함수이며, power()는 멱승을 구하는 함수이다.

```
dist_a=np.sqrt(np.power((x[0]-rx[0]),2)+np.power((y[0]-rx[1]),2))
dist_b=np.sqrt(np.power((x[1]-rx[0]),2)+np.power((y[1]-rx[1]),2))


print("distance to a:",dist_0)
print("distance to b:",dist_1)
```

A.3 BPSK BER 계산 프로그램

BPSK에서의 BER 성능 곡선을 계산하는 프로그램이다. scipy.special에서 erfc 함수를 제공한다.

```
# BPSK의 BER 계산
import numpy as np
import scipy.special as sp
import matplotlib.pyplot as plt

EbNo=np.arange(0.,15.,1.)                # 0~14dB
ebno=10.**(EbNo/10.)                     # dB to real value 변환
BER=0.5*sp.erfc(np.sqrt(ebno))           # BPSK BER 공식

plt.plot(EbNo,BER)
plt.yscale('log')                        # y 축의 BER 값을 log scale로 변환
plt.xlabel("Eb/No(dB)",size=12)
plt.ylabel("BER",size=12)
plt.grid(True)
plt.show()
```

A.4 하다마다 행렬 구현 프로그램

하다마다 행렬을 구현하는 파이썬 프로그램이다.

```
## Hadamard matrix ##
import numpy as np
n_Hadamard=4
N_Hadamard=2**n_Hadamard
H_basic=np.array([1,1,1,-1]).reshape(2,2)
cnt_n=0
H_before=np.array([1])
while(cnt_n<n_Hadamard):
    H_after=np.kron(H_basic,H_before)
    print(H_after)
    H_before=H_after
    cnt_n+=1
H_Matrix=H_after
```

Numpy에서 제공되는 np.kron() 함수를 이용하여 차수가 $\mathrm{N_Hadamard} = 2^{\mathrm{n_Hadamard}}$인 하다마드 행렬을 구현한다. 프로그램에서 H_basic 행렬은

$$\begin{bmatrix} + & + \\ + & - \end{bmatrix}$$

이며, 차수가 2, 4, 8, 16인 하다마드 행렬은 다음과 같다.

```
[[ 1 1]
[ 1 -1]]

[[ 1 1 1 1]
[ 1 -1 1 -1]
[ 1 1 -1 -1]
[ 1 -1 -1 1]]

[[ 1 1 1 1 1 1 1 1]
 [ 1 -1 1 -1 1 -1 1 -1]
 [ 1 1 -1 -1 1 1 -1 -1]
 [ 1 -1 -1 1 1 -1 -1 1]
 [ 1 1 1 1 -1 -1 -1 -1]
 [ 1 -1 1 -1 -1 1 -1 1]
 [ 1 1 -1 -1 -1 -1 1 1]
 [ 1 -1 -1 1 -1 1 1 -1]]

[[ 1 1 1 1 1 1 1 1 1 1 1 1 1 1 1 1]
 [ 1 -1 1 -1 1 -1 1 -1 1 -1 1 -1 1 -1 1 -1]
 [ 1 1 -1 -1 1 1 -1 -1 1 1 -1 -1 1 1 -1 -1]
 [ 1 -1 -1 1 1 -1 -1 1 1 -1 -1 1 1 -1 -1 1]
 [ 1 1 1 1 -1 -1 -1 -1 1 1 1 1 -1 -1 -1 -1]
 [ 1 -1 1 -1 -1 1 -1 1 1 -1 1 -1 -1 1 -1 1]
 [ 1 1 -1 -1 -1 -1 1 1 1 1 -1 -1 -1 -1 1 1]
 [ 1 -1 -1 1 -1 1 1 -1 1 -1 -1 1 -1 1 1 -1]
 [ 1 1 1 1 1 1 1 1 -1 -1 -1 -1 -1 -1 -1 -1]
 [ 1 -1 1 -1 1 -1 1 -1 -1 1 -1 1 -1 1 -1 1]
 [ 1 1 -1 -1 1 1 -1 -1 -1 -1 1 1 -1 -1 1 1]
 [ 1 -1 -1 1 1 -1 -1 1 -1 1 1 -1 -1 1 1 -1]
 [ 1 1 1 1 -1 -1 -1 -1 -1 -1 -1 -1 1 1 1 1]
 [ 1 -1 1 -1 -1 1 -1 1 -1 1 -1 1 1 -1 1 -1]
 [ 1 1 -1 -1 -1 -1 1 1 -1 -1 1 1 1 1 -1 -1]
 [ 1 -1 -1 1 -1 1 1 -1 -1 1 1 -1 1 -1 -1 1]]
```

참고문헌

1. B. Sklar, *Digital Communications*, 2nd ed., Prentice Hall, 2001.
2. J. G. Proakis, *Digital Communications*, 5th ed., McGraw-Hill, New York, 2018.
3. 송영준, *통신공학을 위한 부호이론*, 인피니티북스, 2008.
4. S. B. Wicker, *Error Control System for Digital Communication and Storage*, Prentice Hall, Englewood Cliffs, N.J., 1995.
5. S. Lin and D. J. Costello, Jr., *Error Control Coding: Fundamentals and Applications*, Prentice-Hall, 1983.
6. 이만영, *부호이론*, 희중당, 1984.
7. J. J. MacWilliams and W. J. A. Sloane, *The Theory of Error-Correcting Codes*, Amsterdam: North-Holland, 1977.
8. R. W. Hamming, "Error Detecting and Error Correcting Codes," *Bell Syst. Tech. Journal*, vol. 29, pp. 147-160, April 1950.
9. R. E. Blahut, *Theory and Practice of Error Control Codes*, Addison-Wesley, Reading, Mass., 1984.
10. Robert H. Morelos-Zaragoza, *The Art of Error Correcting Coding*, John Wiley & Sons, Ltd. 2006.
11. E. R. Berlekamp, *Algebraic Coding Theory*, McGraw-Hill, New York, 1968; Rev. ed., Aegean Park Press, Laguna Hills, N. Y., 1984.
12. W. W. Peterson and E. J. Weldon, Jr., *Error-Correcting Codes*, 3d ed., MIT Press, Cambridge, 1972.
13. 3GPP2 C.S000 Series.
14. 3GPP TS 25.212, Multiplexing and Channel Coding (Release 15), Aug., 2017.
15. 3GPP TS 36.212, Multiplexing and Channel Coding (Release 15), Dec., 2019.
16. 3GPP TS 38.212, NR; Multiplexing and Channel Coding (Release 15), Dec., 2019.

17. 강인식, 이현, 이재환, 윤상범, 박철순, 송영준, "FHT를 이용한 RM부호 인식 알고리즘," 한국통신학회논문지, 제37권 1호, pp. 43–50, 2012년 1월.

18. A. Hocquenghem, "Codes corecteurs d'erreurs," *Chiffres*, vol. 2, pp. 147–156, 1959.

19. R. C. Bose and D. K. Ray–Chaudhuri, "On a Class of Error Correcting Binary Group Codes," *Inform. Control*, vol. 3, pp. 68–79, March 1960.

20. W. W. Peterson, "Encoding and Error–Correcting Procedures for the Bose–Chaudhuri Codes," *IRE Trans. Inform. Theory*, vol. 6, pp. 459–470, September 1960.

21. Y. Sugiyama, M. Kadahara, S. Hirasawa, and T. Namekawa, "A Method for Solving key Equation for Decoding Goppa Codes," *Inform. Control*, vol. 27, pp. 87–99, January 1975.

22. M. Elia, "Algebraic Decoding of the (23,12) Golay code," *IEEE Trans. Inform. Theory*, vol. IT–33, pp. 150–151, January 1987.

23. T. K. Truong, I. S. Reed, and X. Yin, "Decoding of 1/2 Rate (24,12) Golay Codes," TDA Progress Report 42–97, pp. 202–207, January–March, 1989.

24. Jack K. Wolf, "Efficient Maximum Likelihood Decoding of Linear Block Codes Using a Trellis," *IEEE Trans. Inform. Theory*, IT–24, No. 1, pp. 76–80, January 1978.

25. M. P. C. Fossorier, S. Lin, and D. Rhee, "Bit Error Probability for Maximum Likelihood Decoding of Linear Block Codes and Related Soft Decision Decoding Methods," *IEEE Trans. Inform. Theory*, vol. 44, pp. 3083–3090, November 1998.

26. G. D. Forney, "Generalized Minimum Distance Decoding," *IEEE Trans. Inform.* Theory, vol. 12, pp. 125–131, April 1966.

27. P. Elias, Coding for noisy channels, *Proc. IRE Conv.* Rec. part 4, pp. 37–46, 1955.

28. R. Johannesson and K. Sh. Zigangirov, *Fundamentals of Convolution Coding*, 2nd ed., IEEE Press, 2015.

29. G. D. Forney, "Generalized Minimum Distance Decoding," *IEEE Trans. Inform.* Theory, vol. 12, pp.125–131, April 1966.

30. A. J. Viterbi, "Error Bounds for Convolutional Codes and Asymptotically Optimum Decoding Algorithm," *IEEE Trans. Inform. Theory*, vol. 13, pp.260–269, April 1967.

31. G. D. Forney, "Convolution codes I: Algebraic structure," *IEEE Trans. Inform. Theory* vol. 16, pp. 702–738, Nov. 1970.

32. G. D. Forney, "The Viterbi Algorithm," *Proc. IEEE*, vol. 61, pp. 268–278, March 1973.

33. G. D. Forney, "Convolutional Codes Ⅱ: Maximum Likelihood Decoding," *Inform. Control*, vol. 25, pp. 222–266, July 1974.

34. J. P. Odenwalder, "Optimal Decoding of Convolutional Codes," Ph.D. thesis, University of California, Los Angeles, 1970.

35. H. H. Ma and J. K. Wolf, "On Tail–Biting Convolutional Codes," IEEE Tans. Comm., vol. 34, pp. 104–111, February 1986.

36. J. B. Anderson and M. Hladik, "Tail Biting MAP Decoders," IEEE J. Selected Areas Comm., vol. 16, no. 2, pp. 297–302, February 1998.

37. G. Ungerboeck, "Channel coding with Multilevel/Phase Signals," IEEE Trans. Inform. Theory, vol. 28, pp. 55–67, January 1982.

38. G. Ungerboeck, "Trellis–Coded Modulation with Redundant Signal Sets. Part Ⅰ: Introduction," *IEEE Commun. Mag.*, vol. 25, pp. 5–11, February 1987.

39. G. Ungerboeck, "Trellis–Coded Modulation with Redundant Signal Sets. Part Ⅱ: State of the Art," *IEEE Commun. Mag.*, vol. 25, pp. 12–21, February 1987.

40. K. J. Larsen, "Short Convolutional Codes with Maximum Free Distance for Rates 1/2, 1/3, and 1/4," *IEEE Trans. Inf. Theory*, vol. 19, pp. 371–372, May 1973.

41. E. Paaske, "Short Binary Convolutional Codes with Maximal Free Distance for Rates 2/3 and 3/4," *IEEE Trans. Inf. Theory*, vol. 20, pp. 683–689, September 1974.

42. R. Johannesson and E. Paaske, "Further Results on Binary Convolutional Codes with an Optimum Distance Profile," *IEEE Trans. Inf. Theory*, vol. 24, pp. 264–268, March 1978.

43. IEEE Std. 802.16e, Air Interface for Fixed and Mobile Broadband Wireless Access Systems, Feb., 2006.

44. S. Mason and H. Zimmermann, *Electronic Circuits, Signals, and Systems*, New York: Wiley, 1960.

45. J. L. Massey and M. K. Sain, "Inverses of Linear Sequential Circuits," *IEEE Trans. Computers*, vol. 17, pp.330–337, April 1968.

46. 송영준, *오류정정부호*, 카오스북, 2013년 1월.

INDEX

32-CROSS 227

A

ACS 209
Add 209
asymptotic coding gain 195
AWGN 채널 008

B

BCH/RS부호 005
BER(Bit Error Rate) 008
BFSK(Binary Frequency Shift Keying) 060
bit metric 209
BPSK(Binary Phase Shift Keying) 009
branch 183
branch metric 209
BSC(Binary Symmetry Channel) 003
butterfly operation 102

C

catastrophic code 205
cdma2000 181
Channel Decoder 003
Channel Encoder 003
code polynomial 109
code rate 020
codeword 019
column permutation 071
Compare 209
complementary error function 012
constellation expansion factor 232
constraint length 174
coset 075
coset leader 075
CRC(Cyclic Redundancy Check) 146
cyclic code 109

D

decoding failure 048
determinant 205
discrepancy metric 160
discrete time linear system 203
dual code 137
D-변환 203

E

elementary row operations 071
error syndrome 079
extended code 089

F

FHT(Fast Hadamard Transform) 099
FHT(Fast Hadamard Transformation) 102
forward path 196
Frame Quality Indicator 148

G

Generator matrix 069
Gray 부호 014

H

Hamming distance 021
Hamming weight 021

I

identity matrix 070
IEEE 802.16e 181
increased distance factor 232
information word 020

K

Kronecker product

L

loop 197
LTE(Long Term Evolution) 181

M

minimum distance 023
minimum distance decoding 077
minimum weight 035
MLD: Maximum Likelihood Decoding 157
monic polynomial 113
MPSK(Multiple Phase Shift Keying) 008

N

node 183
non-binary 060

O

overall constraint length 175

P

parallel transition 231
parent constellation 227
parity 024
parity-check sum 089
parity matrix 070
path metric 208

Q

QAM(Quadrature Amplitude Modulation) 015

QPSK(Quadrature Phase Shift Keying) 009

Q-함수 012

R

rate loss 190

reciprocal polynomial 136

redundant word 047

RM(Reed Muller) 부호 095

S

Select 209

set partitioning 227

shortened cyclic code 146

standard array 074

state diagram 182

subconstellation 227

systematic codeword 070

T

TB(Tail Biting) 콘볼루션 부호 173, 222

TCM(Trellis Coded Modulation) 225

traceback 213

traceback depth 214

transition probability 004

trellis diagram 183

U

union bound 220

V

Viterbi Algorithm 208

W

Walsh 부호 100

W-CDMA 181

ㄱ

가지 183

가지 이득 196

가지평가량 209

거리 증가 요소 232

격자도 162, 183

격자도 종료 188

격자부호 173

경로평가량 208

경판정 005

골레이부호 149

구속장 174

그래프 197
기약다항식 115
기저 벡터 097
기초적행연산 071
길버트 한계식 056

ㄴ

나비 연산 102
노드 183

ㄷ

단위행렬 070
단축선형부호 091
단축순회부호 146
동작영역 065

ㄹ

루프 197

ㅁ

마스킹 벡터 104
메모리 차수 174
메이슨 공식 197
모닉 다항식 113
모순평가량 160

ㅂ

반복부호 029
백색 가우시안 잡음 채널 005
복호실패 048
복호영역 046
부호다항식 109
부호비트 059, 060
부호심벌 060
부호어 019
부호율 020, 059, 190
부호율 손실 190, 222
부호이득 065
블록부호 019
비이원부호 060
비조직형태 072
비터비 알고리즘 173, 208
비트당 에너지 059
비트평가량 209

ㅅ

상관평가량 160
상반다항식 136
상위 성상도 227
상태도 182
생성다항식 118, 135
생성수열 175, 202

생성행렬 069, 173, 202
생존경로 211
선형부호 019
성상도 확장 요소 232
순회부호 109
신호대 잡음비 011
싱글톤 한계식 054
쌍대부호 137

ㅇ

여분어 047
연판정 005, 006
열순열 071
오류검출 007
오류검출능력 045
오류검출 실패 확률 027
오류다항식 139
오류벡터 021
오류신드롬 079, 086
오류정정 007
오류정정능력 045
완전부호 047
유클리디언 거리 007
이원부호 021
임펄스 응답 177

ㅈ

재앙부호 173, 205
전달함수 199
전진경로 196, 197
전체 구속장 175
점근적 부호이득 195, 232
정규분포 함수 012
정보 비트 019, 059
정보어 020
조직부호어 070
조직행태 072
종속생성행렬 202
중분포 173
중분포함수 197
집합분할 227
짝수 패리티 검사부호 024

ㅊ

채널 디코더 003
채널 인코더 003
천이확률 004
최대거리부호 055
최소거리 023
최소거리 복호법 077
최소자유거리 173, 192, 193
최소중 035

최소 해밍거리 005, 193
최소 해밍중 023
최우도복호법 157, 208

ㅋ

코세트 075
코세트리더 075
콘볼루션 175
콘볼루션 부호 173, 175
크로네커 곱 100

ㅍ

패리티 024
패리티 검사다항식 115, 135
패리티 검사 비트 033
패리티 검사합 089
패리티 검사행렬 078
패리티 비트 019
패리티행렬 070
평균 에너지 011
평행천이 231
표준배열 074

ㅎ

하다마드 행렬 099
하부 성상도 227
해밍거리 021
해밍 공간 005
해밍구 048
해밍부호 033, 005
해밍중 021
해밍 한계식 055
행렬식 205
홀수 패리티 검사부호 024
확장 골레이부호 149, 152
확장부호 089

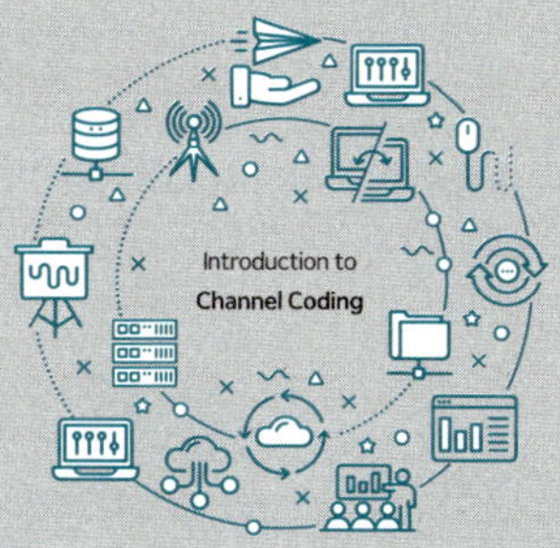
Introduction to
Channel Coding

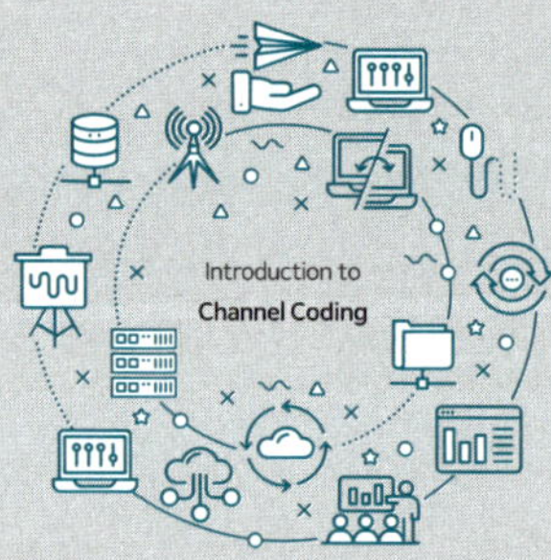
Introduction to
Channel Coding